KB069953

당황하지 않고 웃으면서

아들 성교육 하는 법

당황하지 않고 웃으면서

아들 성교육 하는 법

성교육 전문가 엄마가 들려주는 43가지 아들 교육법

손경이 지음

다산에듀

아들 성교육, 즐겁게 평화롭게

아들을 낳고 다짐했습니다. 제 아들만큼은 가부장적인 아버지와 남편과 달리 '좋은 남자'로 키우겠다고 말이지요. 그러기 위해 성교육을 시작했습니다.

아이가 아직 말을 알아듣지 못할 때부터 몸에 대해 이야기해 주었고, 아이가 유치원에서 좋아하는 여자아이가 생겼을 때는 여자 친구를 잘 사귀는 법을 함께 고민해 주었고, 아이가 2차 성징을 맞이하기 전에는 자위, 사정 등에 대한 예절을 알려 주었고, 아이가 중고등학생일 때는 야동부터 섹스까지 함께 대화하고 고민했습니다. 또한 이 과정에서 언제나 올바른 성 의식과 젠더감수성도 함께 중요하게 다루었습니다.

그렇게 일상에서 성교육을 하며 20년이 넘는 시간이 훌쩍 흘렀습니다. 그 시간 동안 엄마인 저도 성장했습니다. 아들을 잘 키우기 위해 저 스스로 성교육, 부모교육을 공부하다 보니 상담교사로 일하게 되었고, 지금은 한국양성평등교육진흥원 위촉 통합폭력예방 강사로 17년째 활동하고 있습니다. 여성가족부 장관상(2012), 법무부장관상(2015)을 수상했고 우수강사로 선정되어 미국 연수도 갔다 왔지요.

그래도 역시 가장 기쁜 사실은 아들이 잘 자라 주었다는 것이겠지요. 이제 아들은 저의 가장 친한 친구로서, 엄마와 성에 대한 이야기도 편하고 자연스럽게 나누고 있습니다. 서로에 대한 친밀감과 신뢰감이 바탕에 있기 때문입니다.

이런 저와 아들의 대화를 동영상으로 담았더니 많은 분이 보고서 신선한 충격을 받았다고 하시더군요. "저도 엄마 아빠랑 성에 대한 대화를 나눌 수 있으면 좋겠어요." "저도 우리 아이를 이렇게 키우고 싶어요." 하는 반응이 쏟아졌습니다. '51세기에서 온 엄마'라는 별명까지 얻었습니다.

특히 성폭력 피해 사실을 밝히는 캠페인인 미투 운동이 벌어지면서 더욱 큰 관심이 쏟아졌습니다. 오랜 세월 동안 성폭력이 자행된 주된 이유는 왜곡된 성 구도와 불평등 때문입니다. 많은 부모님들이 내 아들 역시 성폭력 피해자가 될 수 있다, 나아가 성폭력 가해자가 될 수도 있다는 문제의식을 가지게 되었고, 성폭력을 막기 위해서는 아들 성교육이 중요하다는 생각을 가지게 되었습니다.

그래서 이 책을 준비했습니다. 이 책을 통해 부모님들이 새로운 시대에 맞는 새로운 성교육 방법을 파악하시고 젠더교육까지 관심을 넓히셨으면 하는 마음입니다. 더구나 엄마들은 아들 성교육을 어려워하시는 경향이 있는데, 이 책이 그분들에게 많은 도움이 되었으면 합니다. 아들 성교육은 자연스럽게, 편하게, 행복하게, 즐겁게 웃으면서 할 수 있습니다. 어린 시절 아들의 성교육이 아들의 인생을 좌우하게 됩니다.

이 책을 쓰면서 그동안 성교육 수업에서 만난 많은 아이들이 떠올랐습니다. 제게 진솔하게 자기 이야기를 들려주었지요. 그중에는 정말 아픈 경험들도 있었습니다. 이 아이들 덕분에 저는 교재 속의 성교육에 머물지 않고 새로운 성교육을 고민할 수 있었습니다. 그 아이들에게 정말 고맙다고 말하고 싶습니다.

저의 아들, 손상민에게도 고맙습니다. 아들의 존재로 인해 저는 성교육 전문가로서의 삶을 시작할 수 있었고, 성폭력·가정폭력의 경험을 직시하고 치유할 수 있었습니다. 또한 제게 항상 새로운 언어의 세계를 열어 주는 아들이 있었기에 이 책도 나올 수 있었습니다.

이 책이 대한민국의 많은 아들 부모님과 함께하기를 바랍니다.

2018년 봄

손경이

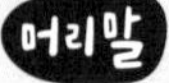

저의 어머니를 소개합니다

책을 준비하시는 어머니를 지켜보며 제가 어머니에게 받았던 교육을 하나하나 복기해 보았습니다. 지금의 저는 평범한 인간으로서 장점뿐 아니라 좋지 않은 부분도 가지고 있지만, 성 지식과 성 의식만큼은 어머니로부터 올바르게 전해 받았다고 생각합니다.

어머니는 아들이 기존의 왜곡된 젠더 구조에서 받을 악영향을 막아 주시고 방향을 잡아 주셨습니다. 성장하면서 제 몸과 마음에 일어나는 변화를 이해해 주시고 제가 무리 없이 적응할 수 있도록 해 주셨습니다. 특히 첫 사정을 축하하는 존중파티를 열어 주어 제가 보다 긍정적으로 2차 성징을 겪게 해 주셨습니다. 제게 성에 대한 고민이 생길 때도 다그치지 않고 길을 제시하며 기다려 주셨습니다.

이 과정에서 언제나 어머니는 먼저 답을 주시지 않았습니다. 질문과 토론을 통해 제가 스스로 깨닫게 해 주셨지요. 그러면서 저를 격려해 주는 것도 잊지 않으셨습니다.

덕분에 어머니와 함께한 지난 이십 몇 년은 항상 즐거운 시간들이었습니다. 그 시간들이 제가 성장할 수 있는 발판이 되었습니다. 실수도 많았지만 어머니가 있었기에 제가 앞으로 나아갈 수 있었습니다.

이렇게 쓰고 나니 어머니가 무척 대단한 사람으로만 보이는데요, 사실은 어머니도 평범한 한 사람입니다. 많이 여리기도 하고 때로 감정적이기도 하세요. 제가 종종 농땡이 부리기를 좋아하는 것은 아무래도 어머니를 닮은 것 같기도 합니다. 하지만 그러면서도 어려움을 헤쳐 가며 꿋꿋이 신념을 지켜 나가는 어머니의 모습을 저도 응원하고 있습니다. 어머니는 특별히 굉장한 분은 아니지만 해가 갈수록 단단해지는 분인 것만은 확실합니다.

성에 대해 솔직히 알려 주자는 취지로 말씀드려, 어머니와 제가 함께 찍은 동영상이 큰 화제가 되면서 어머니를 따라 저도 방송에까지 출연하게 되었습니다. 동영상이나 방송을 보신 분들이 어머니가 제 성교육을 어떻게 했는지 궁금해하시더군요. 그 방법과 원칙을 이 책에서 만나 보시길 바랍니다.

아들로서, 20대로서, 사진작가로서, 이 사회를 살아가는 한 남성으로서 이 책을 여러분에게 권해 드립니다.

손경이의 아들, 손상민

차례

3부 성교육은 부모와 아이를 더 가깝게 만든다

–사춘기 시기의 13가지 성교육

4부 아들이라서 성폭력 교육이 더 필요하다
–아들 부모가 성폭력에 대해 알아야 할 17가지 사실들

5부 사춘기 남자아이들은 성에 대해 어떤 질문을 할까?
–사춘기 남자아이들의 22가지 질문들

1부

아들이라서 성교육이 더 필요하다

– 아들 성교육을 위한 10가지 핵심 원칙

"이제 아들을 아들답게 키우는 시대는 끝나 가고 있습니다. 중요한 것은 자신의 성적 행동에 대한 판단을 스스로 내리는 성적 자기결정권과 상대방의 성에 대해 이해하는 젠더감수성을 일상에서 가르치고 실천하는 것입니다. 즉, 성 의식과 성 평등에 보다 초점을 맞추어야 합니다."

당황하지 않고 웃으면서

아들 성교육 하는 법

원칙 1 아들 성교육, 다르지 않습니다

"엄마, 여자는 왜 고추가 없어요?"라고 아들이 물어 온다면 어떨까요? 보통의 부모님들은 제대로 성교육을 받지 못한 경우가 많다 보니 무엇을 어떻게 가르쳐야 할지 막막해합니다. 특히 엄마들은 같은 여성인 딸이 아니라 아들에게 성에 대한 이야기를 꺼내자니 더 민망하게 여기시지요.

하지만 기본적으로 아들의 성교육과 딸의 성교육은 다르지 않습니다. 성에 대한 태도, 성에 대해 가져야 할 지식에 남자와 여자가 차이가 있을 이유가 없기 때문입니다. 그래서 원칙적으로는, 아들 성교육과 딸 성교육은 달라야 할 이유가 없습니다.

그런데 우리 현실을 보자면, 지금 우리 사회는 아들과 딸에게 다른 종류의 성교육을 시키고 있어요. 딸에게는 성을 소극적으로 받아들이고 성에 대해 움츠러들게 하는 성교육을 시키면서, 대조적으로 아들에게는 성을 무책임하게 받아들이고 성에 대해 자신의 욕구를 우선시하는 성교육을 시키고 있죠. 또 성을 성관계로만 이해하다 보니 딸에게는 성폭력을 피하도록, 아들에게는 사고를 치지 않도록 조심시키는 식으로 교육하고 있습니다. 전반적으로 성을 숨기고 성이 얼마나 위험한지를 경고하는 식에 그치고 있는 것입니다. 그 결과, 우리 아들들이 성에 대해 그리고 상대방의 성에 대해 무지하고 왜곡된 시각을 가진 채 성장하는 경우가 많습니다.

다음 다섯 가지에 해당하는 것이 무엇일까요? 한번 맞혀 보세요. 부모님 중 엄마들은 대부분 맞히실 것 같고, 아빠들은 못 맞히는 분도 꽤 있을 것 같네요.

① 아랫배가 아프다.
② 등 뒤도 아플 때가 있다.
③ 너무 심하면 약도 먹는다.
④ 가벼운 운동을 하면 줄일 수 있다.
⑤ 안 아픈 사람도 있다.

네, 답은 생리입니다. 여자라면 수십 년 동안 반복하게 되는 것이지요. 그런데 생리에 대해 잘 모르는 남자들이 너무 많습니다. 성교육을 제대로 받지 못했거나, 받았더라도 단편적으로만 배우고 넘어가서 그래요.

한 여학생의 사례를 봅시다. 학교에서 여학생들이 화장실에 가서 생리대를 갈잖아요. 생리대를 화장실에 가져가는 모습을 보고 남학생들이 의아해 하더랍니다. "생리대는 집에서 갈아야지, 왜 학교에서도 해?"라고 말이에요. 생리대는 하루에 딱 한 번만 갈면 되는 것으로 알고 있었던 거예요.

또 어떤 남학생은 생리혈이 파란색인 줄 알고 있었다고 해요. 왜인 줄 아세요? 생리대 광고를 보면 생리대에 파란색 물을 쏟는 장면이 나오잖아요. 그걸 보고 '아, 생리혈은 파란색이구나.' 생각했다는 거예요.

다른 사례도 한번 봅시다. 한 여자 분이 주말에 남자 친구와 여행을 가기로 약속했어요. 그런데 갑자기 생리가 시작된 거예요. 몸이 피곤하면 생리 주기가 달라지기도 하고, 원래 생리 주기가 규칙적이지 않은 경우도 많잖아요.

그런데 남자 친구가 화를 내더라는 거예요. "생리는 참았다가 하면 되는 거 아냐. 여행 가기 싫으면 가기 싫다고 솔직히 말을 해."라고요. 이 남자 친구는 소변을 몇 시간 참듯이 생리도 며칠 참을 수 있는 거라고 생각하고 있었던 겁니다.

여자 입장에서는 참으로 황당한 말이죠. 그 말대로 정말 생리를 며칠씩 참을 수 있다면 얼마나 좋을까요. 그런데 그러지 못하는 게 지극히 당연하잖아요. 남자 친구한테 너무 실망해서 이 여자 분은 결국 이별을 고했다고 합니다.

생리는 한 가지 예시일 뿐이에요. 생리 외에도 남자들이 여성의 몸에 대해 모르는 게 너무나 많아요. 이렇게 우리 아들들이 상대의 몸, 여성의 몸에 대한 공부를 안 하고 있어요. 그러면서 야동을 보고서는 여성의 몸에 대해 오해하고 성관계를 함부로 하기도 해요. 기본이 안 되어 있는 상태에서 야동으로 왜곡된 성을 배우고 왜곡된 실천을 하는 셈입니다.

아들 성교육은 한쪽으로만 기울어져 있는 막대기에 비유할 수 있습니다. 기울어져 있는 막대기를 똑바로 세우려면 어떻게 해야 할까요? 네, 반대쪽으로 기울여야 합니다. 그런 차원에서 아들의 성교육은 딸의 성교육과 달라야 합니다. 그동안 달랐다는 점을 감안했을 때, 다른 방향으로 달라져야 한다는 뜻입니다.

아들의 성교육을 지금까지와는 다르게 해야 한다고 부모님도 인식하셔야 아들을 좋은 남자로 키울 수 있습니다. 이전까지는 남성 중심적으로 행동해도 '남자답다'며 사회적으로 얼마든지 대접받을 수 있었습니다. 하지만 시대가 바뀐 만큼 좋은 남자에 대한 기준도 바뀌었습니다.

저는 아들이 어릴 때부터 성교육을 시키면서 생리에 대해서도 아주 자세히 알려 주었습니다. 그런데 아들이 초등학교 5학년 때 짝꿍인 여자아이가 첫 생리를 하게 되어서 바지에 피가 묻은 일이 있었어요. 같은 반 남자아이들이 그걸 보고 막 놀렸어요. 하지만 저희 아들은 자기 옷으로 여자아이 바지를 가려 주고 보건실까지 데려다주었어요. 그리고 여자애한테 이렇게 편지를 썼어요. "너의 첫 생리를 축하하고, 어른이 된 걸 진심으로 축하해. 애들이 놀린 건 다 잊어버려. 보건 선생님이 친절하게 설명해 주실 거야."

그 상황에서 여자아이는 얼마나 고마웠겠습니까. 나중에 그 여자아이 엄마가 제게 감사 편지를 주셨어요. 저희 아들 덕분에 '초경 파티'도 할 수 있었다고요.

어떻습니까. 제가 자랑할 만하지 않나요? 이렇게 할 수 있는 아들을 키워 주세요. 여성과 함께 더 좋은 사람으로 살아갈 수 있는 방법을 알려 주세요. 여러분도 할 수 있습니다.

원칙 2 성교육은 부모에게 먼저 필요합니다

성교육은 아이들만의 문제가 아닙니다. 따지고 보면 아이들보다도 부모님이 먼저 성교육을 받아야 하는 경우가 너무 많습니다. 다음 다섯 가지에 해당하는 것이 무엇인지 맞혀 보세요.

① 오래 계속되면 위험할 수도 있다.
② 이것이 안 되면 약을 먹기도 한다.
③ 남성이 아침에 일어나면 생기는 현상이다.
④ 음경에 한꺼번에 피가 몰리는 현상이다.
⑤ 음경이 딱딱해진다.

네, 이것은 발기입니다. 우리 몸에서 어느 것 하나 흥미롭지 않은 현상이 없는데, 발기도 그렇습니다. 발기가 진행되면 피가 평소보다 아홉 배 정도 몰려요. 그래서 음경이 딱딱해지는 거예요.

발기가 꼭 성적 의도와 함께 이루어지는 것은 아닙니다. 아침에도 자연스럽게 발기가 되고, 아주 어린 남자아이도 발기가 됩니다. 사춘기 남자아이는 하루 평균 몇 번 정도 발기가 될까요? 하루에 발기를 적게는 4~5번, 많게는 12번까지 해요.

발기와 관련해 아이에게 알려 주어야 하는 사실이 있어요. 산소가 부족하면 발기가 된다는 사실입니다. 학교에서 아이들이 수업 시간에 엎드려 자요. 근데 쉬는시간이 되어 갑자기 일어나려고 보니 발기가 되어 있는 거예요. 불편한 자세로 자다 보면 숨을 잘 쉬지 못해서 산소가 부족하게 되니까요. 또 등하교길에 만원 버스 안에서 발기가 되는 경우도 있어요. 좁은 공간에 사람이 너무 많아서 산소가 부족하니까요.

그런데 부모님들은 성적으로 흥분해야만 발기가 된다고 잘못 알고 있어요. 부모님이 잘못 알고 있으니 아이에게 제대로 알려주지 못할 수밖에요. 발기가 되면 화장실에 가서 소변을 보면 된다고만 설명하는 부모님들도 있지요.

황당한 사건도 있었어요. 인터넷 게시판에 올라 왔던 사연입니다. 한 엄마가 아들이 몽정을 한 것을 보고 너무 당황했어요. 그래서 한 행동이, 일단 남편과 상의해서 텔레비전과 컴퓨터를 다

버렸어요. 그리고 아들의 성기를 실로 묶어 버렸다는 거예요. 이건 엄연한 아동 학대입니다. 수면 중에 정액이 나오는 몽정은 아주 자연스러운 일이고 아들이 건강하게 성장하고 있다는 증거예요.

부모님들이 잘 모르시는 것도 이해는 돼요. 부모님 세대도 성교육을 제대로 받은 세대는 아니니까요. 그나마 성교육을 받았더라도 임신이 되는 원리만 단편적으로 알려 주거나 순결 지키기 교육으로 흐르기 일쑤였습니다. 그런 만큼 지금부터라도 부모님들은 스스로 부족하다는 것을 인정하고 새로운 성교육을 배우겠다는 자세를 가지셔야 합니다. 잘못된 성 지식을 가진 부모님들 때문에 아이들이 너무 힘들어하는 악순환을 이제 끊어야 합니다.

원칙 3 성에 대한 대화는 태어나자마자 시작됩니다

성교육은 단지 성 지식을 전달하는 것이 아닙니다. 기본적으로 성교육은 '관계'에 대한 교육을 바탕으로 합니다. 대인 관계 능력, 공감 능력이 근본인 만큼 국가나 사회적 차원에서 한번 반짝하고 끝낼 수 있는 성질이 아니지요. 앞서 말씀드린 대로 가정에서, 일상 속에서, 대화 속에서 지속적이고 일관된 훈련을 통해 이루어집니다. 이것은 부모님이나, 부모님이 아니라도 아이의 양육을 책임지고 있는 사람만이 할 수 있습니다. 그래서 성교육은 집 안에서, 가족 안에서 먼저 이루어져야 합니다.

부모님이 성 지식을 얼마나 알고 있느냐도 중요하지요. 하지만 그렇다고 전문가만큼 아실 필요는 없으니 너무 부담 가지지는 않으셔도 됩니다. 아이가 무언가를 물었을 때 부모님도 잘 몰라서 대답을 못 하실 수 있어요. 그럴 때는 부모님 자신도 완벽하지 않다는 것을 인정하시고 아이와 함께 찾아보시면 됩니다. 그보다 더 중요한 것은 자신의 성에 대한 판단을 스스로 내리는 자기결정권과 상대방의 성에 대해 이해하는 젠더감수성을 일상 속에서 가르쳐 주고 실천하는 것입니다. 즉, 성 의식과 성평등에 보다 초점을 맞추어야 합니다. 이에 대해서는 뒤에서 보다 자세히 얘기를 나눌 거예요.

성교육은 2~4세, 초등 5, 6학년, 중2, 고1 등 연령에 따라 집중하는 때가 있습니다. 아무래도 아이가 처음 호기심을 가지게 되는 시기나 2차 성징을 하게 되는 시기, 연애를 하게 되는 시기를 감안해야 하니까요. 하지만 이것은 성교육을 좁게 해석했을 때 그런 것입니다. 성교육의 범위를 넓혀 보면 성교육은 아이의 삶이 시작되는 그 순간부터 함께 시작된다고 해도 과언이 아닙니다.

부모님들은 아이가 아직 배 속에 있을 때 태교를 무척 중요시하잖아요. 책을 읽어 주기도 하고, 이런저런 이야기를 건네기도 하고, 음악을 들려주기도 하고요. 그게 꼭 아이가 정확히 알아들을 거라고 생각해서 그러시는 것은 아닐 거예요. 그렇게 일찍부터 아이와 교감을 나누는 것이 좋은 영향을 주기 때문이죠.

성교육도 마찬가지예요. 어느 정도 나이를 먹었으니까 이제부터 시작해야지 하는 것이 아니라 아이가 아직 말귀를 못 알아듣는 갓난아기 때부터 시작하셔야 합니다.

예를 들어, 기저귀를 갈 때도 "우리 아들 쉬했네."라고 말하는 것, "축축하겠구나. 너 뽀송뽀송하라고 기저귀를 새로 갈아 줄게."라고 말하고 기저귀를 빼는 것, 뽀뽀할 때도 "우리 아들 밥을 잘 먹어서 정말 예쁘다. 뽀뽀해도 될까?"라고 허락을 구하는 표현을 하고서 뽀뽀하는 것, 이런 행동들이 모두 성교육입니다. 부모가 아이의 몸을 대하는 방식과 태도가 다 성교육이 되기 때문이죠.

실제로 저도 그렇게 했어요. 아이가 알아듣든, 알아듣지 못하든 계속했습니다. 당연히 처음에야 아이는 이 말들이 무슨 의미인지 전혀 모르겠죠. 하지만 부모가 그렇게 반복하고 또 반복하면 자신의 몸에 대한 인식, 자신의 몸은 자신의 것이라는 생각이 싹트게 됩니다. 성교육은 태어나자마자 시작되는 것이고 일상에서 지속적으로 이루어지는 것이라는 사실을 기억해 주세요.

그런데 아이가 어렸을 때부터 자연스럽게 성에 대해 이야기하라고 말씀드리면 괜스레 아이의 호기심을 자극하는 것은 아닐까 염려하시는 부모님도 있어요.

제가 전해 들은 사례예요. 아이가 여자 남자 몸의 차이에 대해

자꾸 물어보더래요. 아이가 성에 관심을 가지게 되었다는 신호죠. 그래서 부모가 시중에 나와 있는 성교육 그림책을 사 줬어요. 그랬더니 아이가 그 그림책만 자꾸 보는 거예요. 다른 책은 안 보고 오직 그 그림책만 자꾸자꾸, 특히 성기 그림이 나와 있는 페이지를 뚫어져라 보더래요. 이 부모님은 아이가 성에 너무 호기심을 가져서 역효과가 날까 봐 걱정돼서 그림책을 치워 버렸다고 합니다. 이 부모님이 걱정한 성교육의 역효과란 아이가 성에 지나치게 관심이 생겨서 자꾸 그 생각만 하는 것이었겠지요.

성교육의 역효과가 나는 것은 두 가지 경우예요.

하나는 아이의 성장 단계를 생각하지 않고 부모님의 지레 짐작으로 너무 많은 정보를 집어넣는 경우입니다. 이쯤 되었으면 이 정도는 알려 주면 되겠지 짐작하지 마시고 아이와 대화를 하면서 아이의 단계에 맞추어 주셔야 돼요. 아이가 성에 대한 질문을 하면 부모가 다시 질문을 하는 식으로 이어지는 대화가 좋습니다.

저는 이런 대화를 '핑퐁 대화'라고 부릅니다. 핑퐁이란 곧 탁구잖아요. 탁구에서 공이 두 선수 사이에 오고 가고 오고 가고 하듯이 핑퐁 대화란 부모와 아이 사이에 질문과 대답이 계속 오고 가고 오고 가는 대화입니다. 이렇게 설명하니 어딘지 특별한 것 같은데, 부모나 아이 한쪽이 일방적으로 말하는 것이 아니라 서로 대화를 주고받는 것이라 이해하시면 됩니다.

또 하나는 성교육에서 내 몸의 주인은 오로지 나라는 자기결정권 교육 없이 오직 성 지식만 가르치는 경우입니다. 칼은 유용한 도구가 되기도 하고 위험한 무기가 되기도 하잖아요. 그래서 우리는 아이에게 칼 쓰는 법을 가르치면서 사람을 해쳐서는 안 된다는 원칙도 함께 가르치죠. 성 지식 역시 올바르게 사용하는 법을 함께 가르쳐야 합니다. 그게 바로 자기결정권 교육입니다. 자기 몸은 소중하고 그 주인으로서 몸에 대한 결정권이 자기에게 있듯 상대방의 몸에 대해서도 존중하는 태도 말입니다.

이러한 점은 사춘기 시기에도 마찬가지예요. 피임을 꼭 가르쳐야 할까, 괜히 호기심을 자극해서 아이가 성관계를 하도록 부추기는 것은 아닐까 걱정하는 부모님들이 있어요. 그런데 따지고 보면 피임을 가르치는 것은 너무나 당연한 거예요.

정자와 난자가 만나면 아이가 생긴다고 가르치는 건 일부만 가르치는 거예요. 여성과 남성이 관계를 가지면 항상 임신이 되는 게 아니니까요. 정자와 난자가 만나는 경우보다 피임으로 인해 정자와 난자가 만나지 않는 경우가 훨씬 더 많잖아요. 그러니 여자와 남자가 임신 계획이 없다면 정자와 난자가 안 만나게 한다는 것, 그러려면 이러저러한 방법이 있다는 것을 함께 가르쳐야 됩니다. 제가 성교육 강사로 활동하면서 다양한 나이대의 많은 아이들을 만나 보았는데요, 오히려 성교육을 제대로 받은 아이들은 굳이 그렇게 궁금해하지 않아요. 어설프게 아니까 오히려 이상한 쪽으로 상상력이 뻗어 가게 되는 겁니다.

원칙 4 성교육의 출발점은 일상을 먼저 이야기하는 것입니다

무슨 일을 하든 간에, 참고가 되는 롤모델이 있어야 제대로 할 수 있는 법입니다. 그런데 지금 우리 부모님들도 올바른 성교육을 받아 본 경험이 부족하니 어떻게 하면 아이들에게 자연스럽게 성교육을 할 수 있을까 고민되실 거예요.

하지만 거북스럽고 민망하게만 생각하실 필요는 없습니다. 알고 보면 그렇게 어렵지 않습니다. 성이 아니라 '일상'을 먼저 이야기하세요. 그러면 됩니다.

어느 날 급작스럽게 성 이야기를 꺼내면 아이들이 관심을 가져준다며 좋아할까요? "에이, 왜 갑자기 이래." 하면서 더 어색해합니다. 대신 일상적인 대화로 시작해 보세요. 아이의 몸에 어떤 변화가 있는지, 친구들과 뭘 하면서 놀았는지, 학교에서 어떤 사건이 있었는지 등 다양한 주제를 다룰 수 있어요. 단, 아이들이 부담스러워하는 성적에 관한 것은 가급적 배재하고요.

부모님 본인에 대한 이야기를 하는 것도 좋습니다. 아이들이 엄마 아빠가 뭘 하고 있는지 안 궁금해할 것 같죠? 속으로는 궁금해합니다. 하루 5분이라도 좋으니 매일매일 꾸준히 일상적인 대화를 나누도록 시도해 보세요.

독자 분들은 어렸을 때 부모님에게 들었던 말 중에 제일 화가 났던 말이 뭐였나요? 저는 "어린 것이 뭘 안다고 그래! 내가 아빤데!"였습니다. 정말 너무나도 싫었습니다. 아빠도 틀릴 수 있는데 어째서 자꾸 아빠 말만 들으라고 하는지, 어째서 내 말은 조금도 안 들어 주시는지 너무 이해가 안 됐어요. 그 결과, 저는 제 부모님을 무시했어요. 왜냐, 부모님이 먼저 저를 어리다고 무시했으니까요. 시간이 지나 제가 아이를 키우는 입장이 되었을 때 제 아이만큼은 저를 무시하지 않게 하고 싶었어요.

그래서 아이가 어릴 때부터 이렇게 이야기하곤 했죠. "엄마도 잘 모를 수 있어. 엄마가 완벽하지는 않아. 그러니까 엄마 말이 다 맞다고 생각하지는 마. 네 생각에 엄마 말이 이상하다거나 틀렸다 싶으면 엄마한테 얘기해. 그리고 네가 엄마보다 더 많이 알 수도 있어. 그럴 때는 네가 날 가르쳐 줘. 내가 더 많이 아는 건 내가 너한테 가르쳐 줄게. 너랑 나랑 같이 배우자. 사람은 늘 이렇게 같이 배우는 거야." 지금 제 아이가 스물세 살입니다. 20년 넘게 이렇게 반복해 왔어요.

제 아이가 저를 무시할까요, 무시하지 않을까요? 당연히 무시하지 않습니다. 저는 이것이 부모와 자식 사이에 해야 할 소통이라고 생각합니다.

부모님들은 평소 아이에게 직접 듣고 싶은 말이 참 많잖아요. 아이가 말을 하도록 하기 위해서는 부모님이 자신부터 내려놓아야 해요. 부모가 먼저 아이와 고민을 나누는 거예요. 꼭 좋은 것만 말할 필요도 없어요. 부모가 안 좋은 얘기도 해야 아이들도 같이 안 좋은 얘기를 합니다. 이 세상에 완벽한 부모는 없어요. 그런 부모가 되려고 하지 마세요. 부모가 스스로 완벽하지 않다고 이야기할 때 오히려 아이가 편하게 다가와서 잘못이나 고민거리를 말합니다.

이게 성교육의 시작점입니다. 일상의 이야기로 아이의 마음을 여는 거예요. 이것부터 먼저 이루어지지 않으면 성교육으로 들어가는 문을 열 수 없습니다.

반대로 성에 대해 터놓고 편하게 대화할 수 있는 부모와 자녀는 다른 주제에 대해서도 쉽게 이야기를 나눌 수 있어요. 부모가 아이들과 성에 대한 이야기를 나누는 과정을 통해 어떤 이야기든지 나눌 수 있는 친밀감까지 얻게 되는 거죠.

여기서 중요한 점은 시기입니다. 아이들은 커 가면서 방송 매체, 또래 집단, 학교 등에서 성에 대해 위험하거나 왜곡된 정보도 알게 됩니다. 아이가 자신의 주관이 생기고 부모에게 마음을 닫았을 때 아이들에게 성에 대해 이야기하려면 오히려 더 멀어지게 할 수도 있어요. 그래서 어렸을 때부터 이야기를 시작해야 합니다. 부모가 적절한 시기에 올바른 정보를 제공한다면 아이를 왜곡된 정보에서 보호할 수 있어요. 성에 대해 무엇이 옳고 그른지, 무엇이 도움이 되고 해로운지를 제대로 걸러 낼 수 있는 거름 장치를 만들 수 있죠.

간혹 아이와 다른 이야기는 얼마든지 하는데 성에 대한 이야기만은 꺼내기가 어색하다는 부모님들이 있어요. 딱 그 이야기만큼은 차마 못 꺼내겠다고 하세요. 이런 가정을 잘 들여다보면 부모님이 착각하고 있는 경우가 많아요. 정작 아이는 대화 자체가 안 된다고 생각하고 있는 거죠.

아이가 진심으로 마음을 열고 부모님과 대화를 나눈다면 성에 대한 이야기도 자연스럽게 나오기 마련이에요. 그런데 그 이야기만 안 나온다면 부모님이 아이와의 일상 대화를 다시 점검해 보셔야 합니다.

원칙 5 성교육의 핵심은 성지식이 아니라 '자기결정권'입니다

성교육이란 것이 단순히 성 지식을 알려 주는 것이라고 여기시면 안 됩니다. 성교육은 생식기에 관한 지식이나 그 기능을 가르쳐 주는 것 이상의 넓고 깊은 의미를 가지고 있습니다. 성교육은 건전한 성습관과 건강한 인간관계를 갖도록 도와주고 훈련하는 데 그 목적이 있습니다.

'성적 자기결정권'이라는 말을 들어 보셨나요? 나의 성적 행동은 나 스스로에게 결정권이 있다는 것입니다. 예를 들어, 이 사람과 사랑을 나눌지 말지, 키스를 거부할지 받아들일지 등에 대해 다른 누구도 아닌 자기 자신의 판단만이 기준이 된다는 뜻이지요.

언뜻 성적 자기결정권이라는 것은 무척 당연하게 들립니다. 그런데 우리가 평상시에 얼마나 성적 자기결정권을 행사하고 있느냐, 얼마나 다른 사람의 성적 자기결정권을 존중하고 있느냐를 따져 보면 의외로 그 정도가 매우 낮다는 사실을 깨닫게 됩니다.

과거 방송되었던 CF의 한 장면을 소개해 볼게요. 이런 장면이에요.

엄마: (밥 먹는 아들을 보며) 우리 아들 누구 거?

아들: 난…… 아영이 거.

이 장면에서 '아영이'가 누구일까요?

"아들의 여자 친구요."라고 답하신 분은 기존의 문화에 물들어 있는 거예요. 아영이는 바로 이 아들이어야죠. 아들의 이름이 아영이어야 하는 거예요. 즉, 이 아이는 "난 내 거다."라는 당연한 사실을 얘기한 겁니다. 내 몸은 엄마의 것도 아니고 여자 친구의 것도 아니고 너무나 당연하게도 자기 자신의 것입니다.

여러분은 아영이가 여자아이 이름이라고 생각해서 아들의 여자 친구라고 답하신 것일 수도 있어요. 그것 역시 편견일 뿐이에요.

이 영상을 유치원 아이들에게 보여 주고 물어보면 대부분 아들을 가리키며 "재!"라고 대답해요. 아직 기존의 문화에 물들어 있지 않은 거예요. 하지만 올바른 성교육을 받지 않는다면 머지 않아 이 아이들도 "재의 여자 친구!"라고 대답하게 되겠죠.

사실을 말씀드리자면, 이 CF를 처음부터 끝까지 다 보면 아영이는 여자 친구를 의미하는 게 맞아요. 처음에 아들 이름이 따로 나오거든요. 그러니까 이 CF를 만든 사람들도 성적 자기결정권에 대한 인식이 부족한 거예요. 저는 이 CF를 보면서 이 상황이 마치 엄마와 아들 사이에 흔히 있을 수 있는 귀여운 에피소드인 양 소비되는 것이 안타까웠습니다. 뒤에서 다시 말씀드리겠지만, 그래서 성교육에서는 미디어 교육도 무척 중요합니다.

이런 CF가 아무 문제의식 없이 방송될 만큼 우리 사회는 성적 자기결정권에 대한 인식을 제대로 갖추고 있지 않습니다. 성적 자기결정권은 성교육에서 가장 핵심이 되어야 합니다.

저는 이것을 범위를 더 넓혀 '성적'을 빼고 '자기결정권'에 초점을 맞추고 싶어요. 성적 행동에만 자기결정권이 적용되는 게 아니라 평소에도 항상 자기결정권이 적용된다는 거죠. 생각해 보면 당연한 사실이에요. 다른 일은 내 판단대로 할 수 없는데 성적 행동은 내 판단대로 할 수 있다? 말이 안 되잖아요. 성적 자기결정권은 일상 속에서 쌓아 온 자기결정권의 연장선인 셈입니다.

원칙 6 성교육을 넘어 '젠더교육'으로 확장되어야 합니다

인형 놀이 하면 어떤 장면이 떠오르시나요? 여자아이들이 모여서 인형을 가지고 노는 장면이 떠오르실 거예요. 남자아이가 인형을 가지고 노는 것은 잘 상상이 안 되지요. 인형들의 생김새는 또 어떤가요? 이런 비율의 몸매가 실제로 존재할 수 있을까 싶을 정도로 너무 길고 마른 백인 여자의 모습을 한 인형입니다.

제가 유럽에서 어느 장난감 기업의 광고를 보고 깜짝 놀란 적이 있어요. 인형 놀이를 하는데 여자아이, 남자아이가 섞여 있더군요. 또 바느질 놀이를 남자아이가 하고 있더군요.

이 광고가 어색하게 느껴지시나요? 오히려 아이들은 편견이 없어요. 거부 반응 없이 자연스럽게 받아들이죠. 그런데 부모들이 "넌 남자애인데 뭘 그런 걸 갖고 노니?" "넌 여자애답게 이렇게 좀 놀아라." 하잖아요.

영국에는 아이가 성별에 상관없이 자신이 원하는 장난감을 가지고 놀 기회를 보장해 주어야 한다는 활동을 하는 단체도 있어요. 제가 유럽에 가 보고 인상적이었던 것이, 여자 인형과 남자 인형을 한 세트로 팔고 있더라고요. 둘이 같이 놀라는 거예요. 꼭 성별만이 아니에요. 황인, 흑인, 백인 인형이 다 있고, 심지어 다리가 없는 장애인 인형, 휠체어 장난감도 팔고 있었어요.

이런 인형을 가지고 논 아이와 전형적인 바비 인형만 가지고 논 아이. 당연히 다른 태도를 가지게 될 것이고 그 이후에 살아갈 삶도 달라질 것입니다. 그만큼 사회의 모습도 달라질 것이고요.

지금껏 우리는 '아들은 남자답게, 딸은 여성스럽게', '아들의 것은 파란색으로, 딸의 것은 분홍색으로' 하는 것이 미덕이라고 여겨 왔습니다. 그런데 연구에 따르면, 아이들이 태어날 때는 몸의 차이 외에 타고나는 성차는 없다고 합니다. 하지만 커 가면서 '남자니까 눈물을 함부로 흘리는 게 아니야.', '여자니까 얌전히 있어야지' 하는 사회적 기대에 따라 이분법적으로 나뉘게 됩니다.

최근 들어 '젠더'라는 말이 주목받기 시작했습니다. 젠더란 생물학적인 성이 아니라 사회적 문화적으로 만들어지는 성을 일컫는 말입니다. 즉, 여성성과 남성성은 타고나는 것이 아니라는 점을 강조하는 표현이지요. 따라서 기존의 성 고정관념을 따르지 않고 자신의 개성을 표현하는 것도 얼마든지 가능한 셈입니다.

그래서 젠더교육이란 성에 대한 기존의 이분법적이고 왜곡된 생각을 바로잡는 것, 남성과 여성이 상대방의 성을 진정으로 이해하고 존중하는 올바른 젠더감수성을 키워 주는 것입니다. 또한 편향된 남자 역할, 여자 역할에 아이의 가능성을 가두어 두지 않고 아이가 가진 개성을 온전히 발휘하도록 하는 것입니다.

이제 아들을 아들답게 키우는 시대는 끝나 가고 있습니다. 아들은 아들다워야 한다는 편견이 그동안 젠더감수성이 없는 수많은 남자들을 만들어 냈습니다. 그래서 저는 성교육이 젠더교육으로 확장되어야 한다고 생각합니다.

이제부터 부모님들도 꼭 기억해 주세요. 여성성과 남성성이 결코 본질적이거나 타고난 것이 아니라는 점을요. 남자니까 이에 걸맞은 성 역할에 따라 커 가기를 강요할 것이 아니라, 아들이 자기만의 정체성을 만들어 갈 수 있도록 해 주세요.

원칙 7 부모 자신의 젠더감수성을 점검해 보세요

사실 인류 역사에서 젠더 문제가 본격적으로 이슈가 되고 성평등을 위한 노력이 차츰 결실을 거두게 된 것은 상당히 최근의 일입니다. 오늘날 성평등 지수가 가장 높은 나라들로 꼽히는 북유럽의 스웨덴, 노르웨이, 핀란드 등도 여성 참정권이 도입된 것은 불과 100여 년 전이니까요. 미국도 1920년에 여성 참정권이 처음 도입되었고요.

우리나라는 해방 이후 어느 국가보다도 빨리 산업화와 근대화를 이룬 나라입니다. 그렇다 보니 경제 규모에 비해 시민 의식이나 복지 지수는 아직 못 미친다는 평을 받곤 하지요. 성평등 의식도 마찬가지입니다.

물론 우리나라의 성평등 의식이 과거보다는 훨씬 나아졌습니다. 예를 들어, 예전에는 성폭력이 여성의 정조, 여성의 순결에 관한 문제로 치부되었는데, 지금은 성폭력이 인간의 성적 자기 결정권에 관한 문제로 재정립되었습니다. 그뿐만 아니라 데이트 폭력, 부부강간, 스토킹 등도 애정 표현이 아니라 엄연한 범법 행위로 규정되었습니다. 하지만 그렇다고 성폭력 문제가 해결된 것은 아니죠. 최근에 우리나라에서도 크게 이슈가 되고 있는 성폭력 피해 고발 캠페인인 미투 운동에서도 볼 수 있듯이 성폭력은 여전히 우리 사회에 만연해 있습니다.

현재 우리나라는 성평등 측면에서 과도기에 있습니다. 지금 이 책을 읽는 부모님들은 30~40대인 경우가 많으실 텐데요, 본인의 어릴 때 상황과 지금 상황을 한번 비교해 보세요. 성평등 면에서 이런 점은 참 많이 나아졌다 싶은 부분도 있는 반면, 이런 점은 아직도 바뀌지 않고 있어 답답하다 싶은 부분도 있지요.

이런 과도기 속에서 우리 아들들은 부모님들이 어릴 때보다 성평등 의식이 더 강해진 사회에 맞추어 살아가야 합니다. 나아가 성평등 의식이 더더욱 강해질 미래를 준비해야 하지요.

그렇기 때문에 아들이 사회에 잘 적응하고 변화를 이끌어 나가게 하려면 부모님이 먼저 젠더감수성을 강화해야 합니다. 평소 집 안에서 부모님이 어떤 젠더의식을 드러내고 있는지가 아이들에게 고스란히 전해지니까요.

평소 별 문제의식 없이 무의식적으로 이런 말들을 하고 있지는 않았는지 생각해 보십시오.

아들에게 "너는 아들이니까" "너는 남자애가" 하는 표현을 자주 쓰고 있지는 않나요? 드라마를 보다가 "아니, 무슨 남자가 저래." "여자답지 않게 저게 뭐야." 하는 말을 내뱉지는 않나요? 뉴스를 보다가 여성이 나왔을 때 그 여성의 직업이나 역할에 관계없이 "어휴, 생긴 게 참." "화장이 뭐 저래." 하고 외모 품평을 하지는 않나요? 성폭력 사건을 다룬 기사를 접했을 때 "너무 예민하게 구는 거 아냐." "뭔가 낌새를 줬겠지." 하고 피해자를 탓하며 가해자를 두둔하지는 않나요?

부모님이 아이들 앞에서 어떤 젠더구도를 취하고 있는지도 체크해 보세요.

가사노동이 엄마와 아빠 중 한쪽으로만 몰리고 있지 않나요? 설날이나 추석 때 한쪽만 명절 노동을 떠안고 있지 않나요? 육아에 엄마와 아빠가 함께 참여하고 있나요? 엄마와 아빠가 서로에 대해 "어떻게 남자가 돼 가지고." "여자가 유난스럽게." 하는 말로 서로를 공격하지는 않나요?

이런 점은 혼자만 따져 보지 말고 반드시 부모님이 함께 점검해 보세요. 부모 중 한쪽만 문제를 느끼고 있는 경우도 많거든요.

이제 젠더감수성이 없는 성교육은 무의미합니다. 그것은 그저 성 지식을 머릿속에 담아 두는 것에 지나지 않습니다. 안전의식에 대한 교육 없이 총 쏘는 법만 배우는 꼴이죠. 앞으로 더 달라질 사회를 살아갈 아들을 위해 부모님도 함께 노력해 주세요.

원칙 8 성에 대해 균형 잡힌 시각을 갖도록 해 주세요

이 책을 읽는 여러분은 '성(性)' 하면 어떤 단어가 떠오르시나요? 요즘 유치원에 가서 여섯 살 아이들에게 "너희는 성 하면 뭐가 떠오르니?" 하는 질문을 던지면 어떤 대답이 나올까요? 많이들 "정자, 난자요." 하고 대답합니다. "임신이요." "결혼이요." 하는 대답도 나오고요. 세대 차이가 느껴지시죠? 그래도 예전보다는 성교육이 활발하게 이루어지고 있음을 실감할 수 있습니다.

그런데 "야동이요." "변태요." 하는 대답이 나올 때도 있어요. 그런 것을 어떻게 알았느냐고 물어보면 친구에게 들었다, 형이 알려 주었다, 인터넷에서 봤다 등등의 대답이 나옵니다. 정작 그게 뭔지 설명해 보라고 하면 잘 못해요. 욕의 뜻이 뭔지도 잘 모르면서 재미있어하면서 쓰는 것과 비슷한 심리입니다.

제가 수년 동안 많은 아이들을 실제로 만나 이야기하면서 수집한 여러 단어들을 한번 보여 드리겠습니다.

'성' 하면 떠오르는 단어 - 신체적, 육체적

가족, 남녀, 피임, 성교, 자위, 사정, 정자, 월경, 생리, 고추, 호르몬, 늑대, 콘돔, 구멍, sex, kiss, baby, 임신, 애기, 태교, 태아, 탄생, 생명, 오르가즘, 잠자리, 자궁, 배란기, 어른, 엄마, 가정, 이성, 휴지, 똘똘이, 딸딸이, 발기, 애무, 마스터베이션, 몽정, 정액

'성' 하면 떠오르는 단어 - 심리적, 정신적

건강에 좋다, 연인, 교제, 순결, 조심히 다뤄야함, 두렵다, 신비로움, 남녀 접촉, 나눔, 배려, 성관계, 배신, 소중한, 쾌감, 징그러움, 좋은 것, 야하다, 무섭다, 믿음, 미혼모, 아름다움, 스킨십, 첫날밤, 창조, 행복, 속도위반, 침대, 힘, 부부, 사랑, 정조, 신중

자, 어떠세요. 어른들이 짐작하는 것보다 아이들은 성에 대한 관심이 굉장히 크고 또 성에 대해 많이 알고 있습니다.

여러분도 아이에게 같은 질문을 해 보세요. 만약 아이가 '건강

에 좋다' '즐겁다' 등의 대답을 내놓는다면 성의 긍정적이고 쾌락적인 면을 위주로 알고 있는 겁니다. 만약 아이가 '징그럽다', '늑대' 등의 대답을 내놓는다면 성의 부정적이고 파괴적인 면을 위주로 알고 있는 겁니다. 대체로 남자아이들 중에는 전자의 경우가 더 많고, 여자아이들 중에는 후자의 경우가 더 많더군요.

아이가 긍정적인 면을 위주로 안다고 해서 괜찮은 것이 아니고, 반대로 부정적인 면을 위주로 안다고 해서 괜찮은 것도 아니에요. 사람은 살아가면서 성에 대해 긍정적인 면, 부정적인 면을 함께 알아야 하거든요. 그래서 긍정적인 면을 주로 아는 아이에게는 부정적인 면을 알려 주고, 부정적인 면을 주로 아는 아이에게는 긍정적인 면을 알려 주어야 합니다. 밸런스를 맞추어 주셔야 하는 겁니다.

물론 성은 나쁜 것이 아닙니다. 성은 좋은 것이에요. 건강하게 영위한다면 즐거움뿐만 아니라 심리적 안정감까지 주잖아요. 그런데 세상에는 분명 나쁜 면도 존재해요. 성범죄가 대표적입니다. 성 자체가 나쁜 것은 아니라도 어떤 사람이 이용하느냐에 따라 범죄가 되기도 하는 겁니다. 그러니 어릴 때부터 아이들이 성의 양면적인 성질을 균형 있게 알 수 있도록 해 주세요.

원칙 9 '있다 없다'가 아니라 '모두 있다'로 성평등 의식을 일깨워 주세요

남자아이가 여자아이보고 "너는 고추도 없잖아." 하고 놀리는 경우들이 있습니다. 이 질문만으로도 그 아이가 집에서 어떤 교육을 받았는지 짐작할 수 있습니다. "아빠는 고추가 있고 엄마는 고추가 없어." 하는 식의 설명을 들었을 테고, 자연히 남자는 고추를 가진 우월한 존재이며 여자는 고추가 없는 열등한 존재라고 무의식적으로 여기게 된 것이죠. 그 자체로도 잘못된 성 지식일뿐더러 남자를 기준으로 삼는 성차별적 인식입니다.

사실 부모님 세대에는 "남자는 고추가 있고 여자는 고추가 없다."라고 말하는 것이 특별히 문제가 되는 표현이 아니었을 거예요. 이렇게 우리가 쓰고 있는 말들 중에는 알고 보면 성차별적인 표현이 상당히 많습니다.

예를 들어 볼까요. 여배우, 여기자라고는 하는데 남배우, 남기자라고는 하지 않잖아요. 여군, 여경이라고는 부르는데 남군, 남경이라고는 부르지 않잖아요. 가장 이상한 표현이 여류작가입니다. 그나마 여작가라고 하는 것도 아니고 어째서 여류작가인지 도통 모르겠습니다. 당연히 남류작가라는 표현은 없죠. 아이들이 다니는 학교도 예외가 아닙니다. 여중, 여고라고 굳이 '여'를 붙이면서 남중, 남고는 그냥 중학교, 고등학교잖아요.

그렇다면 남성에게 고추, 즉 음경에 해당하는 것이 여성에게는 무엇일까요? 이렇게 질문하면 아이들이나 어른들 대부분은 음경의 짝이 자궁이라고 해요. 하지만 답은 음순이에요. 수업 시간에도 늘 자궁만 배웠고 음순에 대해 배운 적이 별로 없으니 당연한 대답이지요.

그러니 남자는 고추가 있고 여자는 고추가 없는 것이 아니에요. 남자는 음경과 고환이 있고 여자는 소음순과 대음순이 있습니다. 이렇게 표현을 바꾸니까 여자는 고추가 없는 열등한 존재가 아니라, 남자와 다른 성기를 가진 존재라는 점이 잘 드러나지 않습니까. 이렇게 인식해야 서로를 존중하게 됩니다.

이제부터는 '있다, 없다'가 아니라 '모두 있다'로 남성도 여성도 평등하다는 존중 의식을 키워 주세요.

원칙 10 한 아이의 성교육에는 온 마을이 필요합니다

'한 아이를 키우려면 온 마을이 필요하다.'라는 말을 들어 보셨나요? 아이 하나를 잘 돌보고 잘 성장시키는 것은 부모의 힘만으로는 부족하며, 이웃을 비롯해 지역 사회의 책임이 함께 필요하다는 뜻입니다.

저는 이 말을 조금 바꾸어 '한 아이의 성교육에는 온 마을이 필요하다.'라고 말하고 싶습니다. 성교육에는 부모의 역할이 가장 중요합니다. 하지만 주변 사람들과 지역 사회도 큰 영향을 미칩니다. 사람은 어릴 때부터 이미 사회적 존재이기 때문이지요.

요즘은 아이를 일찍 어린이집에 보내잖아요. 더 자라면 유치원에 보내고요. 과거에는 적어도 초등학교 고학년은 되어야 성교육을 해야 한다고 여겼습니다만, 요즘은 어린이집과 유치원에서도 성교육이 이루어집니다. 부모님들 인식도 바뀌어서 전에는 어린이집에서 성교육을 한다면 "너무 빨리 시키는 것 아니냐."라며 싫어하는 분들이 많았는데 요즘에는 환영하는 분들이 더 많습니다.

아이가 가는 어린이집이나 유치원에서 성교육이 어떤 식으로 이루어지고 있나 관심을 기울이세요. 성교육이 이루어진다고 해도 형식적으로 시간만 때우고 넘어가지는 않는지, 성교육은 하지만 정작 평소에 선생님들이 습관적으로 "넌 남자애가……." "여자들은……." 하는 식으로 기존의 성 고정관념을 드러내지는 않는지 확인해 보세요.

아이 양육에 있어 조부모의 도움을 받는 가정도 많을 겁니다. 경우에 따라서는, 부모가 아니라 조부모가 주양육자라고 할 수 있는 가정도 무척 많을 거예요. 육아 전문가들은 이럴 때 부모가 조부모의 양육 스타일에 일일이 간섭하는 것은 옳지 않으며, 일단 아이를 맡겼으면 조부모의 스타일을 존중하되 정 안 맞는 부분은 대화로 접점을 찾으라고 조언하더군요. 성교육 강사로서 저는 조부모의 젠더감수성은 분명 짚을 필요가 있다고 생각합니다.

부모님들이 성장할 때의 한국 사회는 지금보다 젠더감수성이 부족했습니다. 조부모님이 성장할 때의 한국 사회는 그때보다도 훨씬 더 젠더감수성이 부족했고요. 그래서 조부모님들 중에는 최근의 변화를 이해하지 못하거나 아예 과거에 머물러 있는 분들도 종종 볼 수 있습니다. "남자애가 소꿉놀이하면 고추 떨어진다." "여자애가 사내애마냥 설친다." 하시죠. 부모님이 아무리 올바른 성교육을 시키려고 하더라도 조부모님이 젠더감수성이 부족한 태도를 보일 경우 아이는 혼란을 느낄 수 있습니다.

이 문제에 대해 조부모님과 상의하시기를 권하고 싶습니다. 조부모님의 역할과 수고로움은 충분히 인정하시되 성교육에 대한 부모님의 생각과 문제의식을 함께 나누어 보시면 됩니다.

2부

성교육은 부모에게서 시작된다

– 사춘기 이전의 13가지 성교육

"아이의 감정과 판단을 존중한다는 신호를 계속 준 거예요. 아이가 '지금 나는 뭘 원하고 있지?' '지금 내 감정이 어떻지?' 하고 생각하고 판단하는 연습을 하게 한 셈입니다. 자잘한 지식이나 기술적인 문제는 좀 놓친다 하더라도 큰 문제가 안 돼요. 핵심은 자기결정권과 존중이잖아요."

당황하지 않고 웃으면서

아들 성교육 하는법

아들 성교육 1 몸교육부터 시작하세요

아들 성교육을 직접 하려니 벌써부터 진땀이 나는 듯하시다고요? 성교육이라는 것이 별게 아니라 곧 '몸교육'이라고 생각하시면 됩니다. 갓난아이에게 자기 몸의 존재를 인식시켜 주는 것부터가 자연스럽게 성교육의 시작이 되는 셈입니다.

아침이 되어서 갓난아이가 눈을 떴어요. 그러면 부모님이 아이를 씻겨 주실 거 아니에요. 그럴 때마다 몸에 대한 이야기를 꺼내는 거예요. "따뜻한 물로 얼굴 씻자. 코도 닦고 이도 닦자. 치카치카." 또 아이 팔과 다리를 주물러 주실 때 있잖아요. 그럴 때도 이야기하는 거죠. "다리 펴자, 쭉쭉. 팔도 만세 하자." 아이가 쉬를 해서 기저귀를 갈아 줘야 될 때도 마찬가지예요. "고추에서 쉬 나왔다."라고 이야기하는 거예요.

그러다 아이가 좀 더 커서 말을 알아듣고 어느 정도 자기 의사를 표현할 수도 있게 된 다음부터는 아이에게 허락을 구하는 질문을 많이 건네세요. 저 같은 경우는, 아들의 손등에 뽀뽀를 많이 했거든요. "어이구, 우리 아들 밥 잘 먹네. 손에 뽀뽀!" 하면서요. 그러면 아들이 까르르 웃어요. 그때 제가 "뽀뽀 더 해 줄까?" 하고 물었지요. 아들이 또 웃으면 뽀뽀를 더 했어요.

또 저는 아들을 안고 싶을 때 아들을 향해 팔을 벌렸어요. 아들이 제 품 안으로 달려 들어오면 그건 허락했다는 표시였죠. 만약 아들이 품 안으로 오지 않으면 저는 팔을 내렸어요. "지금은 엄마랑 안고 싶지 않아? 그래, 알았어." 하고요. 아들의 표정이 평소보다 안 좋아 보인다 싶으면 물어보기도 하고요. "왜 엄마랑 안기 싫어? 지금 기분이 안 좋아?" 하면 아들이 이야기를 해요. "오늘 유치원에서 친구랑 싸웠는데 걔가……." 그러면 아들 이야기에 귀 기울여 주었어요.

왜 이렇게 했느냐 하면, 아이의 감정과 판단을 존중한다는 신호를 계속 준 거예요. 아이가 '지금 나는 뭘 원하고 있지?' '지금 내 감정이 어떻지?' 하고 생각하고 판단하는 연습을 하게 한 셈입니다. 그리고 아이에게 '네 몸의 주인은 너다.'라는 메시지를 준 겁니다.

아이가 부모의 스킨십을 항상 무조건 좋아하는 것이 아니에요. 부모님도 하루 종일 일해서 너무너무 피곤할 날은 아이를 안아 주고 싶은 마음이 들지 않을 때도 있잖아요. 아이도 기분이 안 좋을 때는 울면서 부모님의 스킨십을 거부하기도 해요. 아이가 아직 말을 못할 때라도 소리나 표정으로 다 표현하거든요. 아이가 좋다는 의사 표현을 하면 스킨십을 하고, 아이가 화를 내거나 울면 하지 말아야 해요. "미안해. 지금은 엄마랑 뽀뽀하기 싫은 거 엄마가 몰랐네." 하고 사과도 하고요.

사실 부모님이 보기에는 아이가 싫다고 찡그리는 모습도 무척이나 귀엽고 사랑스럽잖아요. 그래서 아이가 싫다고 해도 억지로 안고 뽀뽀를 하시기도 할 거예요. 저도 한 아들의 엄마인 만큼 그런 마음을 충분히 이해합니다. 그래도 그렇게 하지 마세요. 아이 입장에서는 그게 자기 몸의 의사에 반하는 경험이 됩니다. 또 이렇게 하면서 부모님도 아이의 판단을 존중하는 연습을 하게 됩니다.

아들 성교육 2 가족끼리 스킨십을 할 때도 상대를 존중하는 연습을 시키세요

아이가 가장 편하고 만만한 상대인 엄마를 대상으로 성적인 행동을 할 때가 있어요. 예를 들어 엄마의 가슴을 자꾸 만지려고 하는 거죠. 이럴 때 많은 엄마들이 고민에 빠져요. 이걸 놔둬야 하나, 못하게 해야 하나. 사실 제가 성적인 행동이라고 표현했지만, 아이 입장에서는 특별한 의도가 있는 건 아니거든요. 그냥 무심코, 좋으니까 그러는 것이죠. 그러니 엄마는 어떤 판단이 좋을지 헷갈립니다.

이것도 성적 자기결정권이라는 원칙대로 생각하면 어려운 문제가 아니에요. 몸의 주인은 자신이라는 거. 따라서 다른 사람이나 자신의 몸을 만지고자 할 때는 내 허락을 받아야 하듯이, 나도 다른 사람의 몸을 만지고자 할 때는 다른 사람의 허락을 받아야 한다는 거. 이렇게 하는 연습을 아이에게 계속 시켜야 해요.

아이가 엄마 웃옷에 손을 쑥 넣어요. 그러면 엄마가 이렇게 말하면 돼요. "○○야, 이건 엄마 거야. 엄마한테 허락받고 만져야지. '엄마 찌찌 만져도 돼요?'라고 물어봐야지." 그런 다음에 허락을 해 주는 거예요. "1분 동안만 만지자."라든가 "지금은 엄마가 바쁘니까 10분 있다가 만지자."라고 조건을 붙일 수도 있습니다.

아이들은 부모가 자신을 사랑하지 않을까 봐 두려워하는 감정을 항상 가지고 있어요. 그래서 부모님도 스킨십을 거부했다가 자칫 아이에게 상처를 줄까 봐 걱정되실 거예요. 그런 죄책감 때문에 많은 부모님이 아이의 요구를 거부하지 못하고 받아 주는데, 그건 부모님 자신에게도 좋지 않고 아이에게도 좋지 않아요. 서로 기분이 좋고 동의가 된 상태에서 스킨십을 해야죠.

부모님이 죄책감을 안고 찜찜한 상태로 스킨십을 받아 주는 건 부모님 자신을 지나치게 희생하는 거예요. 희생하지 않으셔도 돼요. 희생하지 말고 존중하면 됩니다. 부모님은 아이 존중, 아이는 부모 존중, 그렇게 서로서로 말이에요.

이때 중요한 과정이, 아이에게 부모의 의사와 감정을 전해 주는 겁니다. 죄책감 때문에 자신의 감정은 밀쳐 두고 아이의 스킨십 요구를 무조건 받아 주다가 어느 순간 폭발해서 "안 돼! 저리가!" 하는 부모님들이 많아요. 부모님들도 자신의 의사를 설명하는 연습을 많이 안 해 봐서 그래요. "엄마가 좀 전에 전화를 받고서 기분이 상한 상태야. 엄마 기분이 풀린 다음에 안아 줄게. 네가 싫어서가 절대 아니야." 하고 충분히 설명해 주세요. 변명을 하는 게 아니라 설명을 하는 거예요.

아이가 처음에는 당황하고 떼를 쓸 수 있어요. 하지만 익숙해지면 아이도 이해하고 "엄마 기분 풀리면 안아 줘요." 할 거예요. 신뢰가 바탕이 되어 있으면 아이가 불안해하지 않아요. 또 그렇게 해야 아이도 부모의 감정, 다른 사람의 감정을 존중하는 연습이 됩니다. 스킨십 예절을 익히는 겁니다.

이건 부부 사이에도 중요해요. 부부끼리 있을 때는 물론이고 아이 앞에서도 말이죠. 아이한테 "엄마 찌찌는 아빠 거니까 넌 만지지 마." 하는 아빠들이 있어요. 역시 잘못된 표현이에요. 몸의 주인은 그 사람 자신이라는 거, 부모님도 꼭 알아 두셔야 합니다.

남녀가 키스할 때 여자가 허락하지도 않았는데 대뜸 가슴에 손을 올리는 남자들이 있어요. 또 여자를 벽에 밀치고 강제로 키스하려는 남자들도 많고요. 이게 다 어릴 때부터 상대방의 의사를 확인하고 자신의 성적 욕구를 조절하는 연습을 하지 않아서 그래요. 세 살 버릇 여든 갑니다. 스킨십 예절도 마찬가지입니다.

아들 성교육 3 예쁘다고 스킨십을 허락하도록 하지 마세요

가족 외에 친척 어른이라든가, 부모님의 친구라든가, 아니면 집 밖에서 우연히 만난 낯선 어른이 아이를 보고 무턱대고 "아유, 예쁘다." 하고 스킨십을 할 때가 있을 거예요. 이럴 때도 꼭 아이가 선택을 하도록 해야 합니다. "한번 안아 봐도 되니?" "뽀뽀해도 될까?" 하고 아이에게 물어보게 해야 하는 거예요. 손등, 이마, 코, 볼 등 아이가 스킨십을 허락할 수 있는 신체 부위를 정하도록 부모가 도와주는 것도 좋아요.

그런데 부모님들은 오히려 아이에게 스킨십을 받아들이도록 타이르는 경우가 많아요. "너 예쁘다고 그러시는 거잖아." 하고 말이에요. 부모 입장에서는 우리 아이가 어른들 말씀 잘 듣는 착한 아이였으면 하는 마음에 그럴 거예요.

하지만 그건 착한 아이로 키우는 것이 아니고, 아이의 감정과 판단을 무시하는 것입니다. 어른이 아이를 예뻐한다는 이유로 아이가 스킨십을 억지로 받아들이는 상황에 놓이게 하면 안 됩니다. 기껏 집 안에서 해 놓은 자기결정권 연습이 와르르 무너져 내려 버려요.

예를 들어서, 지하철에서 앉아 있는데 옆에 있는 아저씨가 "너 참 귀엽구나." 하면서 볼을 꼬집어요. 그러면 애가 부모를 쳐다볼 거예요. '나를 지켜 주세요.' 하는 뜻이에요. 그러면 부모가 그 아저씨한테 분명히 말씀하셔야 합니다. "저기, 아저씨, 우리 애한테 허락받고 만지신 거예요? 부모인 저도 아이에게 허락받고 만지는데 아저씨가 함부로 만지시면 안 돼요." 아이는 그런 상황을 보면서 다시 한 번 알게 되는 거예요. '누구도 내 의사에 반해서 내 몸을 만져서는 안 되는구나.' 하고요. '더불어 부모님이 나를 지켜 주는 구나.' 하는 신뢰도 생기는 거고요.

부모와 친분이 있는 어른이라고 해서 아이가 꼭 친근감을 느끼지는 않거든요. 낯설어서 싫을 수도 있고, 담배 냄새 나서 싫을 수도 있고, 수염 때문에 싫을 수도 있어요. 매일 보는 가족끼리도 뽀뽀하기 싫을 때가 있는데 몇 달에 한 번씩 명절에나 겨우 보는 어른이 뽀뽀하자고 하면 아이 입장에서 어떻겠습니까. 어른이라는 이유로 아이에게 강요해서는 안 돼요. 정 아이가 예쁘면 얼마든지 다른 방법으로 표현할 수 있거든요. 그냥 말로 "예쁘구나." 라고 해도 되고, 용돈이나 선물을 줘도 돼요.

이게 넓게 보자면 아동 성폭력 문제와도 연관되어 있어요. 아동 성추행범은 타깃으로 삼은 아이에게 "너 참 예쁘다. 나랑 같이 갈래?" 하는 말로 유인하거나 "좀 만져 보자. 네가 귀여워서 만져 보고 싶은 거야." 하면서 몸에 손을 대려는 경우가 많아요. 그럴 때 스스로 판단하고 결정하는 데 익숙한 아이라면 이것이 비정상적인 상황이라는 점을 단박에 인지하고 거부합니다. 어른들이 자기를 예뻐한다고 해서 그 요구를 들어줄 필요가 없다는 사실을 분명하게 아니까요.

아들 성교육 4 어릴 때부터 성기의 정확한 명칭을 말해 주세요

아이의 성기를 아들의 경우는 '고추', 딸의 경우는 '잠지'라고 많이들 지칭하시죠. 그런 용어 자체에 문제가 있는 것은 아니에요. 다만 그런 용어들과 함께 정확한 명칭도 함께 지칭해 주시면 더 좋습니다.

아이에게 "맘마 먹자."라고 하기도 하고 "밥 먹자."라고 하기도 하잖아요. "까까 먹자."라고 하기도 하고 "과자 먹자."라고 하기도 하잖아요. 아이 눈높이에 맞춘 용어를 썼다가, 일반적인 용어를 썼다가, 이렇게 자연스럽게 병행하죠.

성기를 지칭할 때도 이와 비슷하게 한다고 생각하시면 됩니다. "고추에서 쉬 나왔네."라고 했다가 "음경에서 쉬 나왔네."라고도 했다가. "고추네. 고추는 음경이지." 하는 식으로 동시에 같이 말해 줄 수도 있고요. 딸이라면 '잠지'와 '음순'이라는 용어를 함께 쓰게 되겠죠.

이렇게 하는 것은 성기에 대한 용어, 성적인 용어를 자연스레 접하게 하기 위해서예요. 어떤 언어를 쓰느냐는 아이의 가치관 정립에 지대한 영향을 미치거든요.

특히나 이게 아들에게 좀 더 중요한 이유가 있어요. 청소년기에 음경 크기 콤플렉스에 빠지게 되는 남자아이들이 많아요. 초등학교 고학년 무렵에 음경이라는 단어를 접하면서 작은 성기는 '고추', 큰 성기는 '음경'이라고 잘못 생각하게 되고, 고추를 키워서 아빠 같은 성인 남자처럼 '음경'으로 만들고 싶어 하는 무의식을 가지게 되는 거예요.

남자의 성기는 성장하면서 길이와 두께가 자연히 커지게 마련이에요. 그런데 많은 남자아이가 야동을 보면서 음경을 만질수록 성기가 커진다고 오해를 해요. 사실 음경을 자주 만지는 것과 음경의 크기 사이에는 상관관계가 전혀 없는데 말이에요. 그렇게 음경 크기 콤플렉스에 빠져 야동과 자위에 집착하게 되는 거죠. 심하면 친구에게 주워듣거나 인터넷에서 본 이상한 요법에 매달리기도 하고요. 자칫 건강을 해칠 수도 있습니다.

우리 아들들이 자신의 음경 크기에 만족하고 다른 사람과 비교해 평가 절하하지 않게 되었으면 좋겠습니다. 자신의 몸을 있는 그대로 받아들일 줄 아는 아이라면 자신의 몸을 사랑할 줄도 알게 됩니다.

아들 성교육 5 블록을 활용해 성관계를 설명해 보세요

"엄마, 아기는 어떻게 만들어지는 거예요?"라고 아이가 물어볼 때가 있습니다. 아이에게 남녀의 성관계, 특히 여자 성기와 남자 성기의 결합을 설명할 때는 레고 같은 블록을 활용하면 좋습니다. 아이들이 블록을 자주 가지고 놀잖아요. 그 블록 중에서 오목한 모양(凹)의 블록과 볼록한 모양(凸)의 블록을 가지고, 또는 블록으로 그런 모양을 만들어서 설명하는 거예요. 실제로 저도 유치원 아이들을 대상으로 성교육을 할 때 블록을 이용하곤 했습니다.

이 두 블록 중에서 튀어나온 모양은 남자이고 들어간 모양은 여자인데 이 둘이 만나게 된다, 그렇게 만나게 되는 지점에서 아기가 만들어져서 9개월 후에 세상에 나온다 하는 식으로 설명해 주면 됩니다. 정자와 난자도 설명해 주고요. 성기가 결합할 때 정자와 난자가 만날 수도 있고 안 만날 수도 있는데 만나게 되면 아기가 생긴다는 식으로요.

이때 반드시 염두에 두셔야 할 점이 두 가지 있습니다. 하나는, 부모님이 더 조급해져서 억지로 먼저 설명하려 들지 말고 아이의 단계에 맞추어야 한다는 점이에요. 아이가 성에 대해 어느 정도나 인지하고 있는지, 어느 정도나 호기심을 가지고 있는지 파악해서 그에 따라 설명해 주어야 한다는 뜻입니다.

예를 들어, 아이가 "아기는 어떻게 생기는 거야?"라고 질문한다면 그것이 바로 아이가 성기 결합에 대한 설명을 필요로 하는 단계에 접어들었다는 신호입니다. 아이가 그런 신호를 보냈다면 부모님은 블록을 가지고 다시 질문을 해 보세요. "남자와 여자 중에 이렇게 볼록한 게 뭘까? 그럼 오목한 건?" 만약 이 질문에 대해 아이가 "볼록한 건 남자고 오목한 건 여자지." 하고 대답한다면 이 아이는 남녀 성기 구조에 대해 잘 인식하고 있는 거예요. 그러면 블록으로 계속 설명해 주시면 됩니다.

만약 아이가 "잘 모르겠는데." 하고 대답한다거나 대답 자체를 얼버무린다면 이 아이는 아직 성기 결합에 대해 설명을 들어도 잘 이해하지 못할 가능성이 커요. 그럴 때는 블록을 이용한 구체적인 설명은 뒤로 미루고, "엄마 배 안에서 생기지." 하는 정도로 설명하세요. 아이가 호기심을 가지고 계속 설명을 요구한다면 그에 맞춰서 설명의 단계를 조절해 주시고요.

염두에 두셔야 할 점 또 하나는, 이때도 자기결정권과 스킨십 예절을 짚어 주어야 한다는 점이에요. 사랑하는 사람과의 성관계에 앞서 두 사람이 서로 동의하고 허락해야 한다는 사실을 이야기해 주는 것입니다. 이런 이야기는 아무리 강조해서 반복하고 또 반복해도 모자라지 않아요. 단순히 성 지식을 알려 주는 것보다 훨씬 더 근본적인 성교육이라 할 수 있습니다.

아들 성교육 6 유아기의 자위행위에 지나친 의미는 두지 마세요

3~6세 아이가 성기를 자주 만지는 행동을 보이는 경우가 있습니다. 현장을 목격한 부모님들은 참 당황해합니다. 하지만 이 시기 아이의 자위행위는 청소년이나 성인들이 하는 자위행위와 같은 수준으로 보아서는 안 됩니다. 특정한 성적 공상을 하면서 자위행위를 하는 게 아니니까요.

아이가 성기를 자주 만지는 이유는 여러 가지가 있습니다. 부모의 관심과 사랑이 부족할 때, 어른이 귀엽다고 장난으로 남자 아이의 성기를 만지는 흉내를 낼 때, 젖먹이 때 결벽증을 가진 부모가 너무 자주 씻어 주어 성장하면서 자극이 쾌감으로 느껴질 때, 음경이 청결하지 못해 기생충으로 가려움이 유발되어 긁기 시작했다가 쾌감으로 습관화될 때, 계단 난간에서 미끄럼을

타거나 자전거를 타다가, 또는 꽉 끼는 바지를 입었다가 성기가 자극될 때 등이 있습니다. 성장하는 과정에서 흔히 생길 수 있는 현상이므로 너무 걱정하지는 않아도 됩니다.

하지만 오랫동안 방치하거나 잘못 지도하면 발달에 좋지 않은 영향을 미칠 수도 있습니다. 너무 걱정할 필요도 없지만 그래도 부모로서 관찰과 대화가 필요한 것이죠.

가장 나쁜 대응은 "왜 거기를 만지니? 더러워, 손 씻어!" "너 거기를 자꾸 만지면 벌레가 나온다!"라는 식으로 윽박지르는 것입니다. 아이는 성기가 더러운 것이라는 선입견을 가지게 되고, 버릇을 고치기보다는 부모님의 눈을 속이면서 더욱더 만지게 됩니다.

"성기는 중요한 곳이라 너무 만지면 병균이 들어가게 된다."라고 친절하게 설명해 주세요. 그리고 아이가 좋아할 만한 장난감으로 아이의 호기심을 자연스럽게 돌려 성기에 대한 관심이 분산되게 해 보세요. 이때 장난감은 콜라주, 페인팅, 모래놀이, 물놀이, 찰흙놀이, 촉감주머니, 요리 활동 등의 감각 중심 놀이와 관련된 것으로 선택하는 게 좋습니다.

그렇다고 너무 억지로 관심을 돌리려고 하면 아이는 자위행위가 나쁘다는 암시를 받게 되므로 주의하셔야 합니다. 부모님 스스로 아이는 그럴 수도 있다는 태도를 가지셔야 합니다. 아이의 자위행위를 끊으려 하지 마세요. 그보다는 자위행위에도 지켜야 할 일종의 예절이 있다는 점을 알려 주세요.

첫째, 혼자 있는 곳에서만 해야 한다는 점. 아이에게 "혼자만 있을 수 있는 곳이 어디지?" 하고 물어보세요. 아이가 "화장실."이라거나 "내 방."이라고 대답하겠죠. 그러면 "맞아. 성기를 만지는 건 그런 곳에서만 해야 되는 거야."라고 설명하세요. "거실은 여러 사람이 함께 있는 장소니까 안 돼."라고도 얘기해 주시고요. 아이들은 거실도 자기 방이라고 알고 있는 경우가 많거든요.

둘째, 마음대로 만질 수 있는 성기는 내 것뿐이라는 점. 남에게 내 성기를 보여 주는 것도, 남의 성기를 만지거나 보는 것도 금물이라고 설명해 주세요.

셋째, 손을 씻고 만져야 한다는 점. 이 부분은 좀 자세히 말씀드릴게요.

더러운 병균이 중요한 부분인 생식기에 들어간다고 약간 경고성으로 이야기해 주면 아이는 그 말을 믿고 열심히 손을 씻을 거예요. 이 시기 아이는 질병에 관한 불안 심리가 있어서 대개 손을 잘 씻습니다. 그런데 부모님이 손을 다 씻었을 때는 성기를 만져도 된다고 해도, 막상 아이는 손을 씻고 난 후에 이전보다 자위행위를 덜 하게 됩니다.

손을 씻는 것에는 성적 욕구를 조절하는 효과가 있습니다. 아이는 마음속에 일어났던 욕구가 찬물로 인해 조금씩 사라지는 것을 경험하게 됩니다. 빨리 씻고 만져야지 생각했다가 찬물로 인해 그 생각이 옅어지는 것입니다. 다시 한 번 강조하자면, 자위 행위 자체가 불결한 것이니 손을 씻어야 한다는 식으로 스트레스를 주어서는 안 됩니다.

아들 성교육 7 아이 옷과 장난감을 살 때 성고정관념에 따르지 마세요

아기 옷을 파는 매장에 가면 제일 먼저 듣게 되는 질문이 뭘까요? 바로 "남아인가요, 여아인가요?"입니다. 남아라고 하면 파란색 계열의 옷을 권해 주고, 여아라고 하면 분홍색 계열의 옷을 권해 주지요.

여자 배우가 시상식에서 바지 정장을 입기도 하고 남자가 스키니진 위에 치마를 코디하기도 하는 시대입니다. 그런 이 시대에 왜 굳이 아기들에게 남자다운 옷, 여자다운 옷을 입히려 하는지 모르겠습니다. 남자다운 색깔, 여자다운 색깔이라는 것도 그저 고정관념에 불과할 뿐인데 말이에요. 19세기 유럽에서는 빨간색이 남자다운 색으로 여겨지곤 했습니다. 그 당시 아이들의 초상화를 보면 확인할 수 있지요.

장난감들도 그래요. 남자아이용으로는 총이나 로봇, 여자아이용으로는 인형이나 소꿉이 주로 권장됩니다. 결국 놀이도 남자아이용 거친 놀이, 여자아이용 집안일 놀이로 나뉘는 것입니다.

그런데 사실 이보다 난감한 일은 따로 있습니다. 부모가 젠더 감수성을 신경 쓰며 키웠는데도 일정한 나이에 이른 아들이 소위 남자 색깔이라고 하는 것, 소위 남자아이 장난감이라고 하는 것들에 푹 빠지는 경우입니다. 반대로 딸이 소위 여자 색깔이라고 하는 것, 소위 여자아이 장난감이라고 하는 것들에 푹 빠지는 경우도 많고요. 이렇게 되면 부모님들은 당황해하면서 "역시 남자 여자는 처음부터 다른 취향을 타고나는 건가?" 하고 생각하게 됩니다.

사실 전문가들도 이에 대한 명확한 답은 알지 못합니다. 타고나는 부분이 있을 수도 있고, 부모님이 미처 모르는 사이에 미디어나 외부 환경를 통해 습득했을 수도 있습니다. 하지만 굳이 원인이 무엇이냐를 따지는 것은 중요하지 않습니다. 부모님이 어떤 기준과 태도를 보이느냐가 중요합니다.

아이가 원하는 옷이나 장난감이 기존의 성별 고정관념을 따르는 것이라 해서 굳이 거부하실 필요는 없습니다. 사 주시되, 부모님이 아이와 충분히 대화를 나누세요. "왜 이게 좋은 거니?" 하고 이야기를 시작해서 "이 색깔 말고 다른 색깔 옷도 어울릴 것

같지 않아?" 하고 유도해 보실 수도 있고 "근데 로봇 말고 인형은 어때?" 하고 권해 보실 수도 있고 "총이 위험하게 쓰일 수도 있어." 하고 설명해 주실 수도 있습니다.

이렇게 하신다 해도 아이는 여전히 자신의 취향을 고집할 수 있습니다. 어쩌면 그런 아이가 더 많을 거예요. 그래도 너무 초조해하거나 "어휴, 그동안 가르친 게 다 소용없네." 하고 자포자기하지 마세요. 어차피 아이의 취향은 이때 고정되는 것이 아니라 계속 변해 나갑니다. 부모님 스스로 흔들리지 않고 주관을 지켜 나가는 자세를 가지셔야 합니다.

아들 성교육 8 엄마와의 목욕을 분리해 주세요

목욕하는 시간은 취학 전 아이들이 성에 대해 자연스럽고 구체적으로 인식할 수 있는 기회가 됩니다. 목욕하는 순서를 통해 옷을 입고 벗는 것, 신체를 살펴보고 각 신체 부위의 명칭을 말하는 것, 몸에 대해 좋은 느낌이나 싫은 느낌을 표현하는 것 등이 모두 좋은 교육이 됩니다.

특히 아이들은 가족과 함께 목욕하면서 부모나 형제자매의 생식기를 보게 되고, 그러면서 남자의 성기와 여자의 성기가 다르다는 사실을 알게 됩니다. 또 부모님의 몸을 살펴보면서 자신의 몸을 비교해 보고 털의 존재에 대해 알게 되기도 하고요.

그런데 아들을 키우는 엄마 입장에서는 시간이 흐르면서 목욕에 대해 고민하게 됩니다. 아이와 몇 살부터 따로 목욕을 해야 될까 하는 고민이죠. 목욕에 대해서는 각 가정마다 나름의 문화가 있으므로 그 시기는 다양할 수 있습니다. 그래도 대략적으로 다섯 살 이후부터는 목욕을 따로 하는 것이 좋습니다.

이때가 되면 "이제는 너의 몸을 더 조심하는 의미에서 따로 목욕하는 거야."라고 이야기해 주세요. 그러면 아이는 부모의 의도를 이해하면서 몸의 소중함도 알게 됩니다.

공중목욕탕을 다니는 경우도 고려해 봐야 합니다. 아이가 공중목욕탕을 가는 것은 성교육 측면에서 좋은 경험일 수 있습니다. 목욕탕이라는 공공장소에 대한 인식, 타인의 몸에 대한 예절을 알려 줄 수 있거든요. 그런데 아빠가 아들을 남탕에 데려가는 것이야 문제가 될 여지가 전혀 없지만, 엄마가 아들을 여탕에 데리고 가는 것은 어느 시기가 되면 분리해야 합니다.

과거에는 초등학교 저학년 아들도 여탕에 데려가는 경우가 종종 있었습니다. 그래서 같은 반 친구를 여탕에서 만나는 일을 소재로 한 동화가 나오기도 했고요. 반대로 초등학생 딸을 남탕에 데려가는 경우는 거의 없었을걸요. 아마도 엄마에게 육아의 의무가 몰려 있는 상황에서 엄마의 편의를 고려하다 보니 그랬을 겁니다.

요즘은 많은 공중목욕탕이 아이의 나이보다도 아이의 키를 기준으로 다른 성별 탕의 출입을 금한다고 하더군요. 놀이공원에서 키를 기준으로 너무 작은 아이는 특정 놀이기구에 타지 못하게 제한하듯이 말이에요. 공중목욕탕이 자체적인 기준을 정해 놓았다면 그 기준에 따르시면 되겠지요. 별도로 기준이 없는 공중목욕탕이라면, 집 안에서 엄마와 목욕을 분리하는 시기에 맞추시면 됩니다. 그런데 아이의 발육이 또래보다 빠른 편이라면 여탕에 데려가는 것을 더 일찍 멈추어야 할 수도 있겠죠. 아무래도 목욕탕은 집과 달리 공공장소이니까요.

아이의 나이나 발육 상태가 어느 단계이든 간에, 만약 아이가 공중목욕탕에서 만난 다른 성인 여자들의 몸에 유난히 관심을 가지고 자꾸 쳐다본다면 분리시켜야 합니다. 그건 공중목욕탕 예절과도 관련이 있으니까요.

참, 추가로 짚고 싶은 점이 있어요. 몸의 노출과 관련 있는 점이기 때문이에요. 집 안에서 옷을 다 벗고, 혹은 거의 벗다시피 한 채로 돌아다니는 분들이 있어요. 아무래도 엄마보다는 아빠가 그런 경우가 많은 것 같아요. 나머지 가족이 그런 것에 전혀 불편함을 느끼지 않는다면 넘어갈 수도 있겠지만, 가족 중 누구라도 불쾌함을 느낀다면 가족회의를 열어서 옷을 입는 쪽으로 합의를 해야 해요. 그게 아이에게도 메시지를 주는 거예요. 아무리 자기 몸이라도 노출 때문에 남을 불편하게 해서는 안 된다는 거죠.

아들 성교육 9 아이가 이성 친구에게 관심을 보인다면?

아이가 5~6살이 되면 어느덧 이성 친구에게 관심을 보이기 시작할 거예요. "우리 반에서 ○○가 제일 예뻐." 하기도 하고 "나는 나중에 △△랑 결혼할 거야." 하기도 하죠.

이 자체는 그 시기에 무척이나 자연스러운 일이에요. 그런데 아이가 자신의 감정을 상대 아이에게 어떻게 표현하는지, 상대의 반응을 어떻게 받아들이고 있는지는 점검해 보셔야 합니다.

아이에게 질문해 보세요. "걔도 네가 좋대?" "걔는 널 보면 좋아하니?" "너한테 웃어 주니?" "싫다는 말은 안 하든?"이라고 말이에요. 만약에 아이가 일방적으로 좋아할 뿐 아니라, 상대가 아이에게 싫어하는 반응을 보인다면 지도가 필요한 상황이에요. 싫다는데도 자꾸 쫓아다니면서 억지로 뽀뽀하고 머리카락을 잡아당기는 것은 아무리 아이들 사이라 해도 엄연한 폭력입니다.

일단은 아이에게 상대가 좋아하는 행동을 알아보라고 한 후 그 행동을 해 보라고 이야기해 줍니다. 그러고 나서도 상대의 반응에 변함이 없다면 억지로 다가가지 않게 지도해야 해요. 자신이 아무리 호감을 가지고 있어도 상대가 그 감정에 응해 주지 않으면 상대의 판단을 존중하게 하는 거예요.

반대로, 상대 아이가 우리 아이를 좋아하는 경우에도 마찬가지예요. 좋아한다고 모든 행동을 다 받아 주어야 하는 것은 아닙니다. 집에서 자기결정권 훈련을 잘 받은 아이는 상대가 억지로 뽀뽀를 하려고 하면 '어? 우리 엄마도 나한테 뽀뽀할 때 물어보는데 쟤는 왜 안 물어보지?'라고 생각할 것이고 "하지 마."라고 분명히 말하겠죠. 평소 좋아하는 감정을 가지고 있었다 하더라도 그런 행동 자체에는 거부감을 느낄 거예요.

우리 아이든 상대 아이든 한쪽이 싫어하는데도 계속해서 접촉한다면 그냥 두시면 안 됩니다. 우리 아이가 그런 행동을 한다면 평소 집안 문화를 점검해 보셔야 하고요, 상대 아이가 그런 행동을 한다면 어린이집이나 유치원 선생님에게 말씀드리고 상대 아이 부모님에게도 전달되도록 하세요. 아이들 간에도 성추행이 벌어질 수 있어요. 정도가 심하다면 상담까지 받게 해야 합니다.

아이들 일이라고 그냥 넘어가도 되는 게 결코 아니에요. "그

나이 때는 좀 그럴 수도 있지 뭘.” “애들이 자라는 과정에서 일어날 수도 있는 일인데.” 하는 말씀들을 많이 하시는데, 그 나이 때 아이들이라고 다 그러는 게 아니에요. 제대로 훈련받은 아이들은 그러지 않아요.

아무리 어린 아이들이라도 심한 행동, 예를 들어 상대 아이에게 아랫도리를 보여 달라고 하는 행동들은 화장실 같은 장소에서 어른들 몰래 합니다. 잘못이라는 것을 인지하면서도 자신의 호기심을 우선하기 때문에 어른들 눈을 피해서 하는 거예요. 이게 성범죄로 가는 발단이 아니고 뭐겠습니까.

그래도 다행히 아직은 어리니까 어른들이 나서서 잘 알려 주고 상담해 주면 됩니다. 그러니까 더욱 주의해서 아이들을 관찰해야 하는 겁니다.

아들 성교육 10 아들 성교육은 아빠가 해야 한다는 것은 편견이에요

아들 성교육은 아빠가, 딸 성교육은 엄마가, 이렇게 부모가 역할을 나누어야 하는 걸까요? 근데 저만 해도 그렇게 하지 않았습니다. 그동안 밝혀 왔듯이, 저는 한부모로서 아들을 키웠습니다. 아들 성교육도 당연히 제가 했습니다.

제가 직접 실천해 보니, 오히려 엄마이기 때문에 아들 성교육에 더 이로운 점도 분명 있었습니다. 제가 여자니까 아들에게 여자 입장에서 보다 잘 설명해 줄 수 있었거든요. 여자의 몸에 대해서도 그렇고 여자의 심리에 대해서도 그렇고요.

물론 엄마이기 때문에 부족한 점도 있긴 있었죠. 제 아들의 경우는, 피부에 상처를 내지 않고 면도를 하는 기술을 알고 싶은데 아빠에게 물어볼 수가 없으니 친구들한테 물어봤다고 하더라고요. 제가 그 얘기를 듣고 마음이 참 아팠습니다.

하지만 이런 것은 한 부분이고요, 큰 틀에서 제가 엄마로서 아들에게 한 성교육은 효과적이었습니다. 제가 엄마이기 때문이 아니라 제가 자기결정권과 젠더 감수성에 대한 인식을 지니고 있었기 때문입니다.

오히려 꼭 남자 어른이 아들에게 성교육을 해 줘야 한다면서 아빠나 삼촌이 나섰다가 엄한 내용을 가르치기도 합니다. 여자가 마음에 들면 일단 술 먹이고 자빠뜨려야 한다느니 하는 식이죠. 이러면 오히려 역효과 아니겠어요?

엄마가 해서 더 유리한 점도 있고, 아빠가 해서 더 유리한 점도 있습니다. 하지만 자잘한 지식이나 기술적인 문제는 좀 놓친다 하더라도 큰 문제가 안 돼요. 핵심은 그런 지식이나 기술이 아니거든요. 핵심은 자기결정권과 존중이잖아요. 엄마든 아빠든 이 핵심을 잘 알려 주는 것이 가장 중요해요. 그 외의 부분은 책이나 동영상 자료를 이용해서 해결할 수 있습니다.

제가 여러 번 강조하는데, 이 점을 꼭 명심해 주셨으면 좋겠어요. 성교육이라는 것은 단순히 성 지식을 알려 주는 교육 이상이라는 점이에요. 어떤 태도, 어떤 주관을 가지고 살아가게 할 것인가 하는 교육이라고 해도 과언이 아닙니다.

아들 성교육 11 아이의 성정체성이 걱정될 때

아이가 여자 옷을 입으려고 한다든지, 인형만 가지고 논다든지, 다른 남자애들하고는 놀지 않으면서 여자애들하고만 어울린다든지 하면 많은 부모님이 이런 걱정을 하시더라고요. "혹시 우리 아들이 일반적이지 않은 성정체성을 가지고 있는 것은 아닐까?" 하는 우려죠. 그래서 어떤 부모님은 아이의 성향을 바로잡아야겠다는 생각에 여자 옷을 입으면 혼내거나 인형을 빼앗기도 하시더군요.

저는 이런 상황에서 부모님들이 너무 걱정하지 않으셔도 된다고 생각합니다. 아이를 바로잡으려는 것은 더욱 좋지 않다고 생각하고요. 여자아이들은 인형을 가지고 노는 것이 자연스럽다, 남자아이는 로봇이나 총을 가지고 노는 것이 자연스럽다, 그러지 않으면 성정체성에 문제가 있는 거다, 이런 생각 자체가 고정관념일 뿐입니다. 이 고정관념이 아이들 뇌의 고른 발달을 제한하고 창의성을 떨어뜨리고 사회성 확립에도 좋지 않은 영향을 미칠 수 있습니다.

사람은 여성적인 성향과 남성적인 성향을 두루 가지고 태어납니다. 사실 여성적인 성향, 남성적인 성향이라고 표현하는 것보다는 부드러운 성향, 강한 성향이라고 표현하는 것이 더 맞겠죠. 그런데 어른들이 여자아이냐, 남자아이냐에 따라 한쪽 성향으로만 교육시키려 하는 것이 더 문제입니다.

여자아이를 위한 놀이, 혹은 남자아이를 위한 놀이가 따로 없어야 합니다. 남자아이든 여자아이든 인형이며 로봇이며 골고루 가지고 놀고, 소꿉놀이와 전쟁놀이를 둘 다 했으면 좋겠습니다. 그렇게 자란 아이들이 두 가지 성역할을 균형 있게 키워 훗날 사회생활도 더 잘할 수 있고 인간관계도 더 잘 풀어 나갈 수 있습니다.

그렇다 해도 부모님 입장에서는 걱정되실 수 있을 거예요. 특히 남자아이가 원피스를 고집한다면 밖에 나갔을 때도 너무 눈에 띄니까 더 신경 쓰이시겠죠. 저라면 아이에게 물어볼 거예요. "왜 바지 입기 싫어? 왜 원피스를 입고 싶은 거니?" 하고요. 아이의 이러한 현상은 어떤 사건이나 힘든 일이 계기가 되었을 수도 있으니까 "혹시 누가 놀렸니?" "누가 이렇게 입어야 한다고 했니?" 하고도 물어보고요. 이런 대화를 통해 이유를 충분히 들어보아야죠. 그래서 그 이유가 나름대로 합당하다면 저는 아이가 원하는 대로 해 주는 것이 맞다고 봅니다.

사실 이때는 아직 아무것도 모를 때예요. 그냥 별 이유 없이 그러는 것일 수도 있고, 애초에 부드러운 성향을 많이 타고나서 그러는 것일 수도 있어요. 남자라도 부드러운 성향이 강하다면 나중에 그 성향을 살려 직업을 선택해서 잘 살아갈 수 있어요. 부모님이 먼저 지레짐작해서 판단하시는 것은 좋지 않습니다. 겁내실 필요 없습니다.

아들 성교육 12 아이에게 동성애에 대해 어떻게 설명해야 할까요?

아무래도 요즘은 과거에 비해 동성애가 많이 이슈화 되다 보니 어린아이들도 동성애라는 단어를 자연스럽게 접하게 되는 경우가 많아요. 아이에게 동성애에 대한 질문을 받으면 많은 부모님이 난감해하시죠. 부모님도 동성애에 대해 잘 모르고 거부감을 느끼고 있는 경우가 많기 때문입니다.

저도 예전에는 동성애에 대해서 거부감을 가지고 있었어요. 하지만 동성애자들의 이야기를 들어 보고 관련 글도 읽어 보면서 태도를 바꾸게 되었습니다. 이건 자신과 다른 사람에 대한 '존중의 문제'예요.

먼저 동성애도 이성애와 마찬가지로 사랑의 한 형태라는 점을 인정해야 합니다. 누구에게 자신의 사랑을 줄 것인지, 어떤 방법으로 성생활을 할 것인지는 남이 간섭할 성질의 것이 아니지요. 그렇기에 그들만의 말 못할 이야기를 제대로 알지도 못하면서 오해하거나 불신하는 것은 옳지 않습니다. 또 동성애는 삶의 여러 형태 중 하나일 뿐, 병적인 것도 변태적인 것도 아니기에 비판이나 혐오의 대상이 되어서도 안 됩니다. 동성애자도 정상적인 생활을 할 수 있고 행복한 삶을 누릴 수 있어요. 동성애자라고 무조건 실패한 인생이 결코 아닙니다.

동성애와 관련해 크게 두 가지 가능성을 생각해 볼 수 있어요.

하나는 아이가 동성애자일 가능성입니다. 제가 만났던 한 아이는 "나는 왜 다른 남자애들처럼 여자애들한테는 별 관심이 없고 남자아이들에게 설레는 걸까?"에서 출발해 서서히 자신의 성적 정체성을 깨닫게 되었다고 고백했어요. 이 아이도 처음에는 "사춘기라 잠깐 이런 마음이 스쳐 지나가는 거겠지." 하고 부정하다가 "내가 동성애자이면 어떡해." 하고 불안해했다고 합니다. 이 경우, 아이들은 혼자서 문제를 헤쳐 나가기 어렵습니다. 부모님을 비롯해 심리상담사, 학교 선생님과 친구들, 더 나아가 사회의 이해와 도움이 절대적으로 필요합니다.

그런데 이 사실을 알게 된 부모들은 보통 아이들만큼이나 당황하고 화부터 냅니다. 자신이 교육을 잘못했기 때문이 아닌가 하고 자책도 하지요. 하지만 부모님이 먼저 이해해 주셔야 아이는 다른 사람들이 자기를 비판하고 경멸할 때 극복할 수 있습니다. 아이가 동성애자라는 이유로 부당하게 자신의 권리를 침해받지 않도록 부모님이 같이 노력해 주셔야 합니다.

또 하나는 아이가 타인의 동성애로 인해 피해를 입을 가능성입니다. 그런데 이것은 편견입니다. 동성애자들에 대해 막연한 공포감을 가진 사람들이 많아요. 남자들은 게이가, 여자들은 레즈비언이 자신에게 접근할까 봐 겁을 내는 거예요. 동성애자들이 들으면 기가 막힐 소리죠. 동성애자는 당연히 동성애자와 사귀려 하지 않겠어요? 이성애자 여자인 제가 남자가 아닌 여자에게는 성적 감정을 느끼지 못하듯이 동성애자도 마찬가지입니다.

흔히들 동성애자는 아무하고나 성관계를 가지는 것으로 아는데, 물론 개중에는 그런 동성애자도 있겠죠. 하지만 따지고 보면 성매매를 포함해 문란한 성생활을 하는 이성애자도 얼마나 많습니까. 동성애자냐, 이성애자냐가 아니라 개개인에 따라 다른 문제인 겁니다. 많은 동성애자가 이성애자와 마찬가지로 자신의 취향에 맞는 파트너를 만나 장기적인 관계를 맺는 것을 선호합니다.

만약 상대의 의사에 반해서 성적 접촉을 하려는 동성애자가 있다면 그건 동성애의 문제가 아니라 존중의 문제예요. 이성애자든 동성애자든 존중이 바탕이 되지 않은 성적 접촉은 폭력입니다.

아이에게 질문을 해서 동성애에 대해 얼마나 알고 있는지, 어떻게 인식하고 있는지 확인해 보세요. 아이가 기존의 편견대로 생각하고 있다면 동성애와 관련해서도 존중이 중요하다는 핵심을 전달해 주시면 됩니다.

사실 부모님들이 다른 지점을 더 걱정하셔야 되지 않나 싶어요. 우리 아이가 동성애자에게 피해를 받을까 하는 것보다도 우리 아이가 편견으로 인해 동성애자에게 치명적인 상처를 주게 되지 않을까 하는 걱정이 필요합니다. 그렇기 때문에 더욱 아이에게 동성애도 존중의 문제라는 점을 인지하게 해 주셔야 합니다.

아들 성교육 13 아이가 부모의 성관계를 봤을 때 취해야 할 태도는?

일단 아이가 부모의 성관계 모습을 보게 되었다는 건 부모가 그만큼 부주의했다는 거예요. 관계를 가질 때는 방문을 잘 잠그셔야죠.

제가 상담을 해 보니 이런 경우가 많더라고요. 아이가 밤에 자다가 깨서 엄마 아빠를 찾아요. 그런데 안방에 들어가려 하니 문이 잠겨 있어요. 그러면 안방과 연결된 베란다로 가요. 아파트에는 거실 베란다와 안방 베란다가 연결되어 있는 경우가 많잖아요. 그런데 이 부모님은 깜빡하고 베란다 쪽 문은 안 잠가 놓았어요. 그 바람에 아이가 베란다를 통해 안방으로 들어가서 부모님의 성관계를 보게 되는 거죠. 부모님은 이런 경우도 미리 신경 쓰셔야 합니다.

꼭 부모의 성관계를 보는 것만이 아니라 아이가 부모의 콘돔이나 성인 용품을 보는 것도 주의하셔야죠. 이런 일이 생겼을 때 부모님이 마치 아무 일도 없었던 양 그냥 어물쩍 넘어가시면 안 됩니다. 설명을 제대로 듣지 못하면 아이에게는 그것이 불쾌한 기억으로 남게 되거든요. 아빠가 엄마를 괴롭히는 것으로 보이기도 하고요. 이미 남녀의 성관계에 대해 어느 정도 알고 있던 아이라면 성관계를 기분 나쁜 것으로 여기게 되기도 합니다.

이때도 대화가 중요합니다. 아이를 붙잡고 일방적으로 설명하는 게 아니라 먼저 질문을 하세요. "뭘 봤어?" "어떻게 해서 보게 됐어?" "그게 뭐 같아?" 하고 말이에요. 그러면 아이가 대답을 하겠죠. "엄마 아빠가 싸웠어." "둘이 레슬링을 했어." 하는 식으로 아이가 자기 식대로 이해한 바를 말할 거예요. 이렇게 질문을 먼저 해야 하는 것은 아이가 얼마나 아는지, 어떤 식으로 아는지 부모님이 파악하기 위해서입니다.

이게 파악이 되었으면 그에 맞추어 설명해 주세요. 아이가 현재 이해하는 만큼 설명해 주시면 됩니다. "엄마와 아빠는 부부잖아. 엄마와 아빠가 많이 사랑해서 하는 놀이야. 부부는 이렇게 몸으로 사랑을 표현하기도 하거든."이라고요. 앞에서도 말씀드렸듯이 블록을 이용하는 것도 좋아요.

사과도 꼭 같이 하세요. "이건 원래 다른 사람이 못 보게 해야 하는 건데, 네가 보게 된 건 엄마 아빠가 잘못한 거야. 미안해." 하고 말이에요.

이때 부모가 성생활을 하는 것 자체가 부끄러운 일인 것처럼 행동하시면 안됩니다. 그러면 아이도 '우리 부모가 뭔가 잘못했나?' 하고 부정적으로 생각할 수 있거든요. 부모님부터 당당하게 생각해야 이 상황을 어렵지 않게 풀어갈 수 있습니다.

3부

성교육은 부모와 아이를 더 가깝게 만든다

– 사춘기 시기의 13가지 성교육

“제 경우는 아이에게 “네가 어느 시기가 되면 음경에서 하얀 액체가 나오게 될 텐데 그게 사정이라고 하는 거야. 그때가 되면 파티를 열어 줄 거야.”라고 미리 말해 주었습니다. 그랬더니 아이가 존중 파티를 하게 될 그날을 은근히 기대하더라고요.”

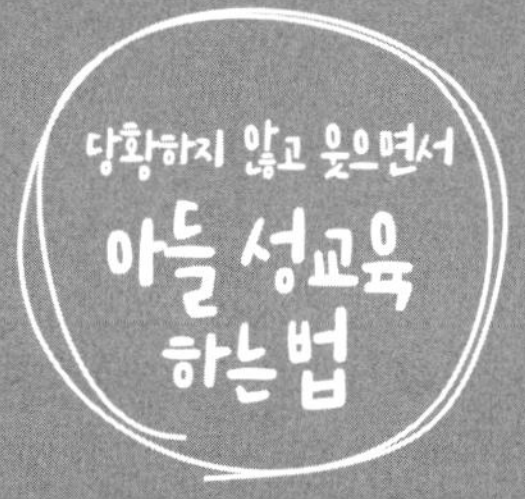
당황하지 않고 웃으면서
아들 성교육
하는 법

아들 성교육 14 2차 성징에 대한 교육을 언제 시작해야 할까요

성교육에서 사춘기 시기가 중요한 이유는 바로 2차 성징 때문이죠. 2차 성징을 통해서 아이는 본격적으로 어른의 몸으로 바뀌게 되는데, 신체적으로나 정신적으로나 '성적 존재'로서의 자기 자신을 마주하게 되는 것이라 할 수 있습니다. 신체적으로는 생식선이 자극되면서 남자아이들은 테스토스테론, 여자아이들은 에스트로겐 호르몬이 급격히 분비됩니다. 남자아이는 정액이 나오고 여자아이는 월경을 시작하고 남자아이는 사정을 하는 등 여성과 남성이 될 수 있는 여건을 갖추게 됩니다. 정신적으로는 뇌의 각 부위마다 발달 속도가 다른 만큼 정서적 불균형도 생겨나게 되고요.

2차 성징이 나타나기 시작했을 때 "자, 이제 얘기해 볼까." 하고 2차 성징에 대해 알려 주는 것은 적절하지 않습니다. 2차 성징으로 인해서 몸에 많은 변화가 일어나잖아요. 아이들 입장에서는 얼마나 놀라겠습니까. 아이가 마음의 준비를 해 둘 수 있도록 미리미리 알려 줘야죠.

개인적 차이가 있지만 요즘은 초등학교 고학년 때 2차 성징이 시작되는 아이들이 많습니다. 그러니까 대략 그보다 1~2년 전에는 가르쳐 주어야 한다고 보시면 됩니다. 특히 남자아이들은 3, 4학년 무렵에 이런저런 경로로 야동을 접하게 되는 경우가 많은데, 야동으로 성을 배우면 안 되지 않겠어요? 그러니 더욱 미리 교육하면 좋습니다.

저의 경우는 아들이 2~3학년일 때 2차 성징에 대해 가르쳐 주었습니다. 몽정은 무엇이고, 자위는 무엇이고 등등을 다 이야기해 주었죠. 또 아이가 질문하면 자세히 설명해 주었고요.

이때 중요한 것이, 아이들이 2차 성징을 긍정적이고 자연스러운 것으로 받아들이게 하는 것, 그리고 몸에 대해 책임지는 자세를 가지게 하는 것입니다. 예를 들어, 발기에 대해 설명한다고 해봐요. 발기라는 것은 피가 몰려서 일어나는 것인데, 꼭 성적 의도가 없더라도 발기가 될 수 있잖아요. 자다가도 발기가 되고요. 그런 점을 잘 이해하게 해 줘야 해요. 그리고 발기에 대해 책임지는 자세라는 것은, 일종의 '발기 예절'을 가지라는 것입니다. 남들과 함께 있을 때 발기가 된다면 원래대로 돌아가도록 노력해야 하는 거죠. 잠깐 뛸 수도 있고, 바람을 쐴 수도 있고, 찬물을 마실 수도 있고, 이렇게 나름의 방법대로 말이에요.

사실 요즘은 예전보다 일찍 유치원과 초등학교에서 성교육이 이루어지고 있어서 아이들도 2차 성징에 대해 이미 상당히 인지하는 경우가 많습니다. 하지만 그렇다고 부모님의 역할이 줄어드는 것은 아닙니다. 유치원과 초등학교에서 하는 성교육과는 별개로, 집 안에서도 2차 성징에 대해 이야기해 주어야 아이가 2차 성징을 맞이했을 때 그 변화를 부모님에게 편하게 이야기하고 고민을 나누게 됩니다.

아이가 어느 정도 컸다고 해도 여전히 성교육의 1차 책임은 부모님과 가정에 있다는 사실을 꼭 명심해 주십시오.

아들 성교육 15 늦었다고 생각될 때가 가장 빠를 때예요

앞에서 제가 여러 번 강조했지요. 성교육은 단순히 성 지식을 알려 주는 것이 아니다, 성교육은 자기결정권 교육이며 이제는 젠더교육까지 포함해야 한다고 말입니다. 그래서 태어났을 때부터 자신의 몸에 대해 스스로 판단하는 습관을 가지도록 하는 것이 중요하다고 말씀드렸습니다.

그런데 이 책을 읽고 계시는 독자 분들 중에는 2차 성징을 앞두고 있는 아이를 둔 부모님들도 많으실 것 같습니다. "요즘 사회 분위기도 그렇고 우리 애도 곧 사춘기니까 성교육 책을 한번 읽어 볼까?" 하는 마음으로 이 책을 펼치셨겠지요. 그런 부모님들께서는 이 책을 읽으며 "태어나자마자 해야 한다고? 내가 너무 늦었구나. 이를 어떡하나." 하고 걱정하고 계실 것 같습니다.

네, 늦은 것 맞습니다. 하지만 늦었다고 생각될 때가 가장 빠를 때인 법입니다. 늦었긴 늦었지만 그렇다고 완전히 놓아 버릴 단계는 아닙니다. 그래도 다행히 아이가 성인이 된 것은 아니지 않습니까. 늦었다고 생각된다면 부모님께서 더욱더 문제의식을 가지시고 성교육을 시작하시면 됩니다.

언제나 원칙은 대화입니다. 이때쯤이면 의사소통에는 전혀 문제가 없는 나이이기 때문에 대화의 필요성이 더욱 증가됩니다. 아이에게 학교에서 어떤 성교육을 받았는지 물어보고 "어떤 느낌이 들었어?" 하고 자연스럽게 대화를 유도하는 것도 좋습니다. "친구들은 뭐라고 하든?" 하고 또래들의 반응도 함께 확인해 보시는 것도 좋고요. 사춘기는 친구들의 영향력이 어느 때보다도 클 때이니까요.

이 나이가 되면 부모님과 아이가 함께 보는 영화나 드라마의 폭도 더 넓어지잖아요. 미디어 교육이 성교육에서 중요한 부분인 만큼 미디어를 잘 활용하시면 좋습니다. "저 주인공 말이야, 썸 탄다고 저런 식으로 행동해도 되나?" 하는 식으로 젠더감수성에 대해 자연스럽게 대화를 시작해 보실 수 있을 거예요.

무엇보다도, 이 시기에 부모님이 성교육에 관심을 가지기 시작했다면 여전히 부모님 스스로 성 지식이 부족하거나 왜곡된 젠더의식을 가지고 있을 수 있습니다. 부모님이 먼저 책이나 관련 프로그램을 찾아보시면서 변화하도록 노력해 보세요. 그런 부모님의 모습을 보며 아이도 따라 오게 될 겁니다.

아들 성교육 16 아들을 위한 존중 파티 "음경아, 고마워!"

요즘은 딸이 초경을 하면 파티를 열어 주곤 하죠. 초경 파티라고 해서, 케이크를 사서 촛불을 부는 가정도 있고, 딸이 평소 가지고 싶어 하던 것을 선물하는 가정도 있더군요. 그러면서 생리 용품을 주고 2차 성징에 대해 진지한 이야기를 나누기도 하고요. 집집마다 형태는 조금씩 다르지만 초경 파티에는 딸의 2차 성징을 축하하는 의미가 담겨 있습니다.

딸에게 초경 파티를 해 주듯이, 아들에게도 이와 같은 이벤트를 해 줄 필요가 있다고 생각합니다. 물론 아들은 생리를 하지 않으니 다른 일을 계기로 파티를 열어 주어야겠지요. 저는 아이가 첫 사정을 했을 때 파티를 열어 주었습니다. 그때는 이것을 '사정 파티'라고 불렀습니다만, 이제는 '존중 파티'라고 이름을 바꾸었습니다. '사정 파티', '몽정 파티', '아빠 파티' 등 여러 이름이 있었는데 초등학생들에게 직접 투표로 물어보니 '존중 파티'가 1위로 나와서 정해진 거죠. '우리 모두는 소중한 사람이고 존중받아야 하는 사람이다.'라는 의미가 담긴 이름입니다.

사정은 자위행위를 통해 할 수도 있고 잠을 자다가 몽정을 통해 할 수도 있어요. 아이는 몽정을 해도 민망해서 부모님에게 털어놓지 못하곤 합니다. 더군다나 자위행위를 통해 사정을 하면 부모님에게 혼날 것 같아서 더욱 말하지 못한 채 그냥 숨기고 지나가게 되죠.

아무래도 몽정보다 자위행위를 통해 사정을 하는 아이가 많은데, 부모님이 자위행위를 무조건 잘못된 것이라거나 불결한 것으로 인식하지 말아야 합니다. 그래야 아이가 자신의 첫 사정을 부모님에게 자연스럽게 밝힐 수 있습니다.

제 경우는, 아이에게 "네가 어느 시기가 되면 음경에서 하얀 액체가 나오게 될 텐데 그게 사정이라고 하는 거야. 그때가 되면 파티를 열어 줄 거야."라고 미리 말해 주었습니다. "사정이라는 건 나중에 아빠가 될 수 있다는 거야."라고 사정의 중요성을 설명해 주기도 했고요. 그랬더니 아이가 존중 파티를 하게 될 그날을 은근히 기대하더라고요.

그리고 실제로 아이가 첫 사정을 했을 때 케이크를 사서 조촐

하게 파티를 열어 주었습니다. 그 장면을 찍어 놓은 영상도 남아 있어요. 그 영상을 보면 아이가 케이크를 앞에 두고서 "음경아, 고마워."라고 말합니다. 그렇게 말하라고 제가 시켰거든요. 몸의 변화를 인정하고 사랑하도록 하는 일종의 선언이었던 셈입니다.

부모님들은 자라날 때 사정에 대해서 집 안에서 편하게 털어 놓고 이야기한 경험이 없으실 거예요. 오히려 들키지 않으려고 조심하거나 들켰다가 혼난 경험이 일반적이죠. 그렇게 나쁜 기억이 남아 있다 보니 머리로는 이러면 안 되지 하면서도 무의식적으로 아이에게도 부정적인 감정을 내비치는 경우가 많아요. 부모님의 태도가 몸 따로 마음 따로라고나 할까요. 아이들은 단박에 눈치챕니다. 존중 파티를 해 줄 때는 부모님의 긍정적인 자세가 꼭 필요합니다.

아들 성교육 17 여성의 2차 성징을 존중하는 자세를 키워 주세요

사춘기 시기 남자아이들은 2차 성징으로 인해 자신에게 일어나는 변화만큼이나 주변 여자아이들의 변화에도 관심을 가지곤 합니다. 더구나 여자아이들은 평균적으로 2차 성징이 남자아이들보다 더 빨리 일어나기 마련이잖아요. 남자아이들 입장에서 보면, 자신의 변화보다 주변 또래 여자아이들의 변화를 먼저 접하게 되는 셈입니다. 그러니 신기하기도 하고 호기심도 생기는 것이 자연스럽지요.

그런데 이런 호기심이 잘못 발현되면 여자아이들을 대상으로 잘못된 행동을 하기도 합니다. 실수인 척 또는 아예 대놓고 여자아이의 가슴을 치고 도망간다거나, 여자아이들의 어깨나 등을 만지고서 남자아이들끼리 "○○는 브래지어를 하고 △△는 안 했더라." 하고 시시덕거린다든가 하는 것들이죠. 요즘은 단톡방에서 여자아이들을 두고 외모 품평을 한다든지 성적으로 비하하는 말을 하는 경우도 많아지고 있다고 합니다. "○○는 가슴이 너무 커." "△△의 가슴은 아스팔트에 붙은 껌 딱지 같더라." 하고 이야기하는 것입니다. 이는 성폭력에 해당되는 말이므로 절대로 해서는 안 되는데 말입니다.

예전 같으면 그 나이 남자아이들의 짓궂은 장난쯤으로 치부하고 그냥 넘어갔을지도 모르겠습니다. 하지만 분명히 말씀드리는데, 짓궂은 장난이 아니라 엄연히 성폭력입니다. 어린아이가 했다고 해서 성폭력이 아니게 되는 것은 아닙니다. 그래도 아직 나이가 어리니까 바로잡을 수 있는 기회가 더 많다는 점은 다행스러운 사실이겠죠.

어릴 때부터 꾸준히 성교육 받았고 젠더감수성을 키워 온 아이라 하더라도 또래 친구들과 어울려 놀다가 얼떨결에 동참하게 될 수도 있습니다. 원래 사춘기 시기에는 또래 친구들 사이의 인정이나 평판이 큰 영향을 미치기 마련이니까요.

그런 만큼 부모님이 중심을 잘 잡아 주시는 것이 중요합니다. 엄마가, 또는 엄마가 아니더라도 여성 주양육자가 여자의 입장에서 2차 성징에 대해 설명해 주시는 것도 효과적입니다. 만약 주양육자 중 여성이 없다면 "함께 생각해 보자."라는 태도로 접근하셔도 좋습니다. 여성의 2차 성징에 대한 구체적인 지식도 중요하지만, 상대를 존중하는 자세가 더욱 중요하다는 것을 염두에 두고 아이와 대화해 주세요.

아들 성교육 18

혐오 발언은 어떤 경우에도 금물!

안타깝게도 이 시기 남자아이들 사이에서는 여성에 대한 혐오 발언이 서로의 동질감을 강화하는 용도로 이용되는 경우가 많습니다. "저 얼굴이 여자냐." "여자는 나이 25 이상이면 꺾인다더라." 하는 등의 말들이지요. 한두 명이 그런 분위기를 주도하면 다른 아이들은 차마 뭐라고 하지 못하고 우르르 동조하기도 합니다.

주변 친구들이 아니라 인터넷에서 영향을 받기도 합니다. 일베 같은 사이트가 대표적인데요, 일베가 아닌 일반 대형 인터넷 커뮤니티에서도 혐오 발언이 심심치 않게 등장하곤 합니다. 그만큼 우리 사회에 혐오 발언이 너무나 만연하다는 증거입니다. 야동을 완전히 막는 것이 불가능하듯이 아이가 호기심에 그런 사이트에 접속하는 것 자체를 막기는 힘듭니다.

이 시기 아이들이 혐오 발언에 휩쓸리곤 하는 이유는, 여성이 사회적으로 차별받고 일상적으로 성폭력에 시달리는 현실을 실감할 기회가 적기 때문이기도 합니다. 그런 상태에서 남자아이들은 선생님과 부모님이 여학생들을 더 배려해 주는 것 같다고 받아들이기 쉽거든요. 그렇다 보니 '성차별은 무슨! 오히려 남자가 역차별받고 있잖아.' 하는 생각에 빠지게 됩니다.

저의 아이도 친구들에게 들은 혐오 발언에 물들기도 했어요. 이때만큼은 제가 아주 단호하게 "그건 절대 안 돼." 하고 말했습니다. 어떤 경우에도 여성을 비롯한 소수자에 대한 혐오 발언은 절대 해서는 안 된다고 강조했습니다. 아이가 바로 수긍하지는 않더라고요. 그래도 꾸준히 이야기하고 설득했어요. 계속 대화를 나누는 것이 정말 어려웠지만 그래도 포기하지 않고 계속했습니다.

사춘기 시기에 잘못된 또래 문화에 휩쓸리다 보면 여성 혐오가 심해질 수 있으니 부모님이 방향을 잘 잡아 주셔야 합니다. 또한 부모님 스스로 혐오 발언을 조심해야 하는 것은 물론입니다.

아들 성교육 19 아이에게 부모의 성적 경험을 이야기할 때

아이에게 성교육을 하다 보면 아이가 부모의 경험을 물어볼 수도 있어요. 미리 이야기하실 필요는 당연히 없고요, 아이들이 질문하는 만큼만 이야기해 주시면 됩니다. 그것을 가지고 "넌 뭘 그런 걸 다 묻니?" 하고 반응하지는 마세요. 아이 입장에서는 부모에게 믿음이 가니까 그런 질문도 하게 되는 거니까요.

그런데 제가 중고등학교에 성교육을 나갔을 때 "선생님은 지금까지 남자 몇 명이랑 자 봤어요?" 하고 묻는 남자애들이 있었어요. 단순한 호기심을 넘어서 성희롱의 의도가 담긴 질문이었죠. 제대로 성교육을 받은 아이들은 이런 식으로 질문하지 않아요. 상대방을 존중해야 한다는 의식을 가지고 있으니까요. '이런 질문은 하면 안 돼.'라는 기준선을 마음속에 가지고 있는 셈이에요.

그런 성희롱성 질문을 한다면 그 아이는 잘못 배운 거예요. 바로잡아 주어야 해요. 그런데 사실 이런 아이들은 성적인 주제의 대화를 회피하는 집안 환경에서 자란 경우가 더 많아요. 그래서 부모에게 이런 질문을 하기보다는 집 밖에서 만만하다고 판단되는 상대에게 그런 질문을 하게 되는 것입니다. 만약 외부에서 그런 행동을 했다는 것을 알게 된다면 부모님 자신도 반성해 보시고 아이와 함께 교육을 받으시면 좋겠습니다.

제 아이의 경우는, 제게 "엄마는 몇 명이랑 좋아했어?" "엄마는 진짜 사랑한 사람 있었어?"라고 질문했어요. 그래도 좀 수위가 높은 질문을 꼽으라면 "여자의 자위는 어떤 거야?"라는 질문이 있었습니다. 엄마인 저를 존중하기 때문에 질문의 수위를 조절한 것입니다. 당연히 다른 사람들에게도 성에 대해 선을 넘는 질문은 하지 않았습니다.

부모님이 성적인 주제를 가지고 아이와 대화를 나누라는 것이 꼭 부모님이나 아이의 사생활을 서로 낱낱이 까발려야 한다는 뜻은 아닙니다. 아이가 무리한 질문을 한다면, 그런 것 역시 상대의 성적 자기결정권에 대한 침해일 수 있다는 점을 알려 주십시오.

아들 성교육 20 아이의 자위행위를 어떻게 대해야 할까요?

사실 자위행위는 따로 배워야 하는 것이 아니죠. 아이는 이미 본능적으로 자위행위가 무엇인지 알고 있어요. 자기 성기를 만지다가 저절로 알게 되니까요. 누가 굳이 가르쳐 주지 않아도 어릴 때부터 자위행위에 대해 파악하게 되는 거예요.

따라서 부모님이 가르쳐 주어야 할 것은 자위행위란 무엇이다 하는 것보다 자위행위의 예절입니다. 자위행위에도 엄연히 예절이 있거든요. 내가 나 자신에게 할 것, 나 혼자만의 공간에서 할 것, 야동을 보기보다는 혼자 상상하면서 할 것, 기분이 나쁜 상황에서 하지 말고 기분이 좋을 때 할 것 등이에요. 아이도 그런 자위행위의 예절을 지켜야 해요.

자위행위의 예절을 가르칠 때의 요령을 한 가지 말씀드리자면,

일방적으로 설명하지 마세요. 부모님 입으로 말하는 것보다 아이의 입으로 직접 말하도록 하는 게 좋아요. 아이와 대화를 나누면서 아이가 스스로 그런 답을 하도록 유도하시면 됩니다.

자위행위도 자신을 좋아해야 가능해요. 자신을 싫어하면 자위행위도 하지 못합니다. 자신의 몸이 더럽고 추잡하게 느껴지니까요. 그러니까 부모님은 아이가 자신의 몸을 긍정적으로 바라보게 하는 훈련을 해 줘야 해요. 제가 2부에서 말한 것들이 다 이런 차원의 훈련이라고 할 수 있습니다.

나름 깨어 있다 하는 부모님들 중에는 아이의 자위행위를 배려해서 아이의 책상이나 침대 맡에 휴지를 놓아 주는 분들도 있어요. 아이를 위하는 마음에 일반 두루마리 휴지보다 고급 티슈를 놓아 주시더라고요. 하지만 그런 것도 부모님이 일방적으로 정해 주시기보다는, 아이와 솔직하게 대화를 나누어 보세요. 부모님들이 미처 모르시는데, 아이는 휴지보다 다른 것을 선호할 수도 있거든요.

제가 실제로 아들을 포함해서 이 시기 남자아이들에게 들어보니, 고급 티슈는 오히려 불편하다고 해요. 일반 휴지보다 얇아서 성기에 잘 달라붙으니까 오래 씻어야 된다는 게 그 이유입니다. 그렇다고 일반 휴지가 가장 좋은 것도 아니에요. 일반 휴지보다 물티슈나 수건이 더 좋다고 해요. 물티슈는 시원하고 깨끗

하게 닦을 수 있고 성기에 붙지도 않아서 좋고요, 물수건은 화학 성분이 많이 든 휴지보다 몸에도 좋고 기분이 상쾌해서 좋다고 해요. 그래서 저도 아들 방에 수건을 놓아 주었습니다.

아들 성교육 21 야동을 막으려 하지 말고 판단력을 키워 주세요

우리가 지금 살아가고 있는 환경은 야동을 안 볼 수 있는 환경이 아닙니다. 인터넷 문화 때문에 어쩔 수가 없거든요. 아예 컴퓨터와 핸드폰을 차단하고 산다면 모를까, 불가능합니다. 안 보려고 해도 인터넷을 돌아다니다 보면 눈에 띄게 되고요, 또 친구를 통해서도 접하게 됩니다.

게다가 게임과 만화는 또 어떻습니까. 거의 야동에 가까울 정도로 선정적인 장면이 많아요. 여성 캐릭터가 거의 헐벗고 있다든지, 여성과 괴물과 변태적인 성행위를 한다든지 하는 것들이지요.

부모님은 일단 이런 현실 자체를 인정하셔야 합니다. 그러니까 부모님이 하셔야 하는 것은 야동을 막는 것이 아니라 아이의 판단력을 키워 주는 거예요. 야동을 보더라도 그 안에서 어떤 점이 잘못되었는지 판가름할 수 있는 능력 말이죠. 일종의 미디어 교육이라고도 할 수 있습니다.

그렇다고 부모님 시대의 기준을 들이대라는 것이 아니에요. "선정적인 내용은 무조건 나빠." 하지 말고 내용과 맥락을 봐야 한다는 거죠. 단순히 노출이 많은 것이 본질적인 문제가 아니거든요.

평소 텔레비전을 보면 드라마나 CF에서 남자와 여자를 잘못된 방식으로 다루고 있는 것이 많잖아요. 사랑이나 성을 어떻게 다루고 있는지 보세요. 남자가 일방적으로 거칠게 스킨십을 시도하는데 여자는 그걸 사랑으로 받아들인다든지, 여자는 굳이 그래야 하는 상황이 아닌데도 거의 헐벗고 있다든지 하는 걸 자주 볼 수 있지 않습니까. 그런데도 이런 것에서 문제를 느끼지 못하고 그냥 넘어가는 분들이 많아요. 그래서 미디어 교육은 부모님 스스로도 받아야 할 필요가 있어요.

저는 아이와 같이 텔레비전을 보면서 "저 CF 봐라. 여자들은 실제로 저렇지 않아. 물건을 팔려고 가짜로 저렇게 하는 거야." 라고 말해 주곤 했어요. 그렇게 아이에게 판단 능력, 비판 능력을 키우는 데 초점을 맞추어야 합니다. 그런 능력을 가진 아이는 야동을 보더라도 그걸 현실이라고 믿거나 따라 하고 싶다는 생각을 가지지 않습니다.

아들 성교육 22 아이가 자위행위나 야동을 들켰을 때

아이가 자위행위나 야동을 들키는 경우는 여러 상황이 있을 수 있습니다. 가장 민망한 것은 아무래도 현장을 들키는 경우겠죠. 부모님이 방문을 열었는데 아이가 자위행위를 하고 있었다거나 야동을 보고 있었던 상황 말입니다. 부모님도 그렇지만 아이에게는 더욱 당황스러운 일일 수밖에 없습니다.

그 자리에서 바로 아이에게 뭐라고 하는 것은 좋지 않습니다. 일단 당장은 넘어가시되, 그 상황이 좀 지나가면 가급적 빠른 시일 내에 아이와 대화를 나누도록 하세요. 계속 대화를 안 하고 마치 아무 일도 일어나지 않았다는 듯이 행동하셔서는 안 됩니다.

아이가 어떻게 나오나 기다리시는 것도 적절하지 않아요. 아무래도 아이가 먼저 말하기는 쉽지 않으니까 부모님이 먼저 말을 꺼내셔야겠죠.

대화가 원활하게 흘러가기 위해서는 부모님이 먼저 사과하시는 게 좋습니다. "갑자기 방문을 열어서 너를 놀라게 한 거 정말 미안해. 더 조심했어야 하는데."라고 말이에요. 그러면 아이도 "방문 잠그는 걸 깜빡해서 죄송해요."라든가 "엄마가 들어올 걸 미처 생각 못 했어요." 하고 사과할 거예요. 이때 아이에게 "그렇게 말해 줘서 고맙다." 하고 칭찬해 주세요. 또 "네가 벌써 다 컸구나." 하는 말로 아이가 어른이 되어 가는 과정이라는 것을 인정해 주시고요. 부모님이 이렇게 말해 주어야 아이가 긴장하고 있던 마음을 풀고 편하게 대화를 이어 가게 됩니다.

만약 이전에 자위에 대해 제대로 이야기를 나누어 본 적이 없다면 이 기회를 이용하세요. 그렇다고 이러이러하게 했어야 한다며 강압적으로 지시하는 식은 안 됩니다. 언제부터 하게 되었으며 어떤 느낌이었는지 물어보시고 아이의 이야기를 충분히 들어 주세요. 바로 이럴 때 자위행위의 예절을 가르쳐 주어야 합니다. 앞에서 말씀드렸던 것들 있잖아요. 혼자만 있는 방에서 할 것, 야동을 보면서는 하지 말 것 등이죠.

제 아이도 야동을 보는 것을 들킨 적이 있습니다. 현장을 들킨 것은 아니었고 제 아이디를 도용해서 야동 사이트에 접속하다가 제가 그 사실을 알게 되었지요. 저도 이 일을 아이와 야동에 대해 대화를 나누고 아이에게 판단력을 길러 주는 기회로 삼았습니다.

당장은 어떻게 대처해야 할지 당혹스러우시겠지만, 오히려 잘만 활용하면 아이와 더 친해지는 계기가 될 수 있습니다. 부모님이 아이의 부끄럽고 창피한 경험까지 인정해 주고 안아 주면 아이는 부모님에 대해 믿음과 신뢰를 가지게 되기 때문입니다. 그래서 폭력 사건 같은 힘든 일이 생겼을 때도 혼자 끙끙 앓다가 극단적인 선택을 하지 않고 부모님에게 고민을 말할 겁니다.

아들 성교육 23 아이가 첫 연애를 시작했을 때

연애야 사춘기 이전에도 할 수 있습니다만, 아무래도 진짜 연애라고 할 수 있는 것이 시작되는 시기는 사춘기 때입니다. 이때 하는 연애는 감정 자체도 이전보다 더 깊기 마련이죠. 더구나 스킨십도 동반될 수 있습니다. 사춘기 연애의 스킨십에 대해서는 다음 챕터에서 다루도록 하고, 여기서는 연애 자체에 대해서 말씀드리도록 할게요.

부모님들은 아이가 성인이 되기 전에는 연애를 하지 않았으면 하는 마음이 더 크실 것 같아요. 스킨십은 둘째치고서라도, 연애 때문에 성적이 떨어지지 않을까 걱정되기도 하실 겁니다. 하지만 이미 연애는 청소년들의 일상이고 현실입니다. 연애를 하는 청소년들이 그만큼 많다는 뜻입니다. 길을 가다 보면 교복 차

림으로 손을 잡고 다니는 어린 커플이 종종 눈에 띄지 않습니까. 우리 아이도 그런 커플 중 하나가 될 수 있습니다.

제가 학습 전문가가 아니므로 연애와 성적의 상관관계에 대해 뭐라고 딱 말씀은 못 드리겠어요. 하지만 이것만은 분명히 말씀드릴 수 있습니다. 성적이 떨어지는 것보다 더 나쁜 것은 아이가 부모님에게 연애를 감추는 것입니다. 부모님이 성적을 이유로 연애를 말린다면, 아이는 연애를 포기하기보다 부모님 눈을 피해 연애를 할 가능성이 더 큽니다. 아이가 마음만 먹으면 얼마든지 그렇게 하는 것이 가능하지요. 그렇게 몰래몰래 연애할수록 연애에서 문제가 생길 가능성도 더 커집니다.

정 성적이 걱정되신다면, 연애 자체를 금지하기보다 아이와 먼저 대화를 해 보세요. 부모님이 걱정하는 바를 솔직하게 이야기하시면 아이도 전화 통화는 짧게 하겠다든지, 함께 도서관에서 공부하겠다든지 하는 나름의 방법을 제시할 겁니다.

저는 연애가 줄 수 있는 장점도 무척 크다고 생각합니다. 단순히 '연애하면 즐겁다'라는 차원이 아니에요. 특히 남자아이들의 경우, 연애가 젠더감수성에 대해 다시 고민해 보고 깨우치게 되는 계기가 될 수 있거든요. 예를 들어, 평소 여성에 대한 혐오 발언을 일삼는 아이는 여자 친구를 사귀지 못하겠죠. 그러면 '왜 나는 연애가 안 될까. 뭐가 문제일까.' 하고 생각하게 될 거고 스스스로를 고치려고 노력하게 될 겁니다.

물론 이 과정에서 자칫 방향을 잘못 잡으면 오히려 여성에 대한 편견을 강화하게 될 수도 있어요. 자기 자신에게서 원인을 찾지 않고 '역시 여자가 문제구나.' 하고 생각하다 보면 그렇게 되지요. 이렇게 되는 것을 막기 위해서라도 아이가 부모님에게 연애에 대해 편하게 이야기할 수 있도록 해 주셔야 하는 겁니다. 아이가 가장 신뢰하는 연애 코치가 바로 부모님이 되게 하세요.

아들 성교육 24 아이가 사귀는 친구와 할 수 있는 스킨십은 어디까지?

스킨십은 어디까지만 가능하다 하고 부모가 아이에게 정해 주는 것은 답이 아닙니다. 원칙대로 말씀하시면 됩니다. 두 사람이 서로 합의한 것, 서로가 서로에게 허락한 것, 서로가 책임질 수 있는 것까지 스킨십을 하라고 말이죠.

상대방과 가까워지겠다는 이유로 억지로 스킨십을 시도한다든가, 상대방이 떠날까 봐 겁난다는 이유로 스킨십을 억지로 허락하는 아이들이 많습니다. 스킨십에 대해 상대방의 'NO'를 글자 그대로 'NO'라고 받아들이는 아이인지, 또한 원하지 않을 때 'NO'라고 분명하게 말할 수 있는 아이인지 체크해 보셔야 합니다.

아이의 연애 상대가 스킨십과 관련해서 어떤 태도를 가졌는지도 체크해 보세요. 아이와 대화를 해서 알아내시면 됩니다. 상대가 자신의 의사를 명확히 표현하지 않는다면 그건 그것대로 문제예요. 이게 꼭 스킨십에 소극적인 성향을 의미하는 것이 아닙니다. 스킨십에 적극적이라도 그것을 자기 입으로 표현하지 않으려는 아이도 있거든요. 부모님이 대화를 통해 아이와 소통하듯이, 아이에게도 대화를 통해 상대방과 계속 소통하면서 스킨십에 대해 의견을 나누어야 한다는 점을 강조해 주세요.

그동안 성적 자기결정권에 대해 충분히 훈련받은 아이라도 연애 관계에 들어가게 되면 허둥지둥하거나 실수하는 경우가 많아요. 혹시 아이가 원칙에 거스르는 행동을 하지는 않는지, 또는 당하지는 않는지 잘 관찰하세요.

물론 가장 좋은 방법은 아이가 스스로 부모에게 말하는 것이죠. 평소 아이의 연애에 대해 편견 없이 대화를 나누어 왔다면 아이가 먼저 요즘 하는 연애가 어떻다고 말을 꺼낼 겁니다. 이때 부모님이 "네가 그 친구에게 스킨십을 할 때 이런 점이 불편하다고 말한 적 있니?" "네가 다가갔을 때 그 친구가 'NO'라고 말한 적 있니? 그 말을 들었을 때 너는 어떻게 했니?" 이런 식으로 아이에게 질문을 던지고 아이의 대답을 들으면서 함께 방향을 잡아 나가세요.

저는 제 아이에게 무엇보다도 마음이 중요하다고 강조하곤 했습니다. 남자든 여자든 스킨십은 마음의 표현이니 마음에서 우러나와야 하는 것이고, 그러므로 자신의 마음을 잘 살펴보라고 했지요. 정말 진심으로 상대를 좋아해서 스킨십을 하고 싶은 것인지, 아니면 단순히 호기심에서 그러는 것인지 구분하라고 강조했습니다. 만약에 호기심일 뿐이라면 상대를 성적 수단으로 여긴다거나 상대에게 생각 없이 끌려가게 되거든요. 하지만 진정 좋아하는 것이라면 자신의 마음, 나아가 상대의 마음에도 더 집중하게 됩니다.

아들 성교육 25 아이의 옷 주머니에서 콘돔이 나왔다면?

인터넷에서 '청소년 콘돔'이라고 검색하면 각종 고민을 볼 수 있어요. "청소년인데요, 콘돔 구하고 싶은데 편의점 가는 게 나을까요, 약국 가는 게 나을까요?"라는 질문을 비롯해서 콘돔에 대해 궁금해하는 질문들이 수두룩하게 올라와 있습니다. 부모님들 생각보다 훨씬 더 빨리 아이들은 성에 눈을 뜬 상태이지요.

만약 아이의 옷 주머니에서 콘돔이 나왔다면? 부모님으로서는 당황스러울 수 있어요. 하지만 "세상에, 어떻게 이러니?" 하고 흥분하시면 좋지 않아요. 아이가 작정을 한다면 부모님이 아이의 성관계를 완전히 막을 수 있는 환경이 아니잖아요.

아이의 옷에서 콘돔이 나왔다는 이유로 아이에게 물어보지도 않고 '얘가 누군가와 성관계를 갖고 있구나.'라고 짐작하실 필요는 없어요. 물론 성관계를 한 것일 수도 있지만, 그저 호기심에 가지고 있는 것일 수도 있거든요. 섣불리 아이를 다그치지 말고 아이에게 물어보세요. 대화가 중요하다고 제가 이미 몇 번이나 강조 드렸지요.

만약 이미 피임 교육을 충분히 받았고 피임 지식을 잘 알고 있는 아이라면 칭찬해 주세요. 배운 대로 잘 실천하고 있다는 뜻이잖아요.

이때도 부모님이 야동을 대할 때와 원칙이 비슷해요. 억지로 막으려고 하실 것이 아니라 아이의 판단력을 길러 주세요. 그러기 위해서는 언제나 대화가 중요해요. 콘돔을 왜 어떻게 가지고 있는 건지, 만나고 있는 상대가 있는지 물어보시고 그에 맞추어 대응을 하세요. 만약 상대가 있다면 그 관계에 혹시 서로 동의하지 않은 스킨십이 들어가 있지는 않은지, 서로를 괴롭히고 있지는 않은지 아이에게 생각해 보게 하세요.

콘돔이 발견되었을 때 아들이라면 괜찮은 거고, 딸인 경우에는 큰일 나는 거고, 이런 게 아니에요. 아들의 성에는 관대하면서 딸의 성에는 엄격한 부모님들이 많습니다. 아들이나 딸이나 원칙은 항상 같습니다.

만약 아직 피임에 대해 아이와 이야기를 나누어 본 적이 없는데 아이 옷에서 콘돔이 나왔다면 부모님은 더 당황스럽겠죠. 그렇다면 이제 제대로 교육을 하면 됩니다. 부모님이 놓치고 있는 사이에 이미 아이는 다른 경로를 통해 잘못된 성 지식을 얻고 있을 수 있으니까요. 이 경우에도 흥분하지 마시고 차분하게 아이와 대화를 나누며 풀어 가시면 됩니다.

아들 성교육 26 피임 교육에서 계획 섹스를 가르쳐 주세요

요즘 아이들이 첫 섹스를 경험하는 나이는 몇 살일까요? 질병관리본부의 2016년 '청소년 건강 행태 온라인 조사' 결과에 따르면, 조사 대상 국내 중고등학생들의 첫 성관계 연령이 13.1세이며, 성관계 경험이 있는 비율은 조사 대상의 6.3퍼센트에 이른다고 합니다. 놀라는 부모님도 있으시겠지만 이 결과가 요즘 아이들의 현실이지요.

이제 더 이상 무조건 욕구를 억누르라고만 가르치는 성교육은 의미가 없습니다. '성관계를 맺을 수 있다'는 전제하에 안전하고 책임 있는 성관계를 맺는 방법을 알려 주는 것이 현실적으로 도움이 됩니다. 실제로 아이들이 성교육 시간에 하는 질문 중에는 "구강성교로도 성병에 걸릴 수 있나요?" "콘돔을 쓰기는 싫은데 어쩌죠?"처럼 실제 성관계에서 일어날 수 있는 상황을 가정한 것들이 많습니다.

일차적으로는 구체적인 피임 방법을 아는 것도 중요합니다. 콘돔 쓰는 법은 필수로 알아야 합니다. 하지만 그게 핵심은 아닙니다. 가장 중요한 것은 적어도 처음 성관계를 가질 때는 미리 계획을 세워야 한다는 점입니다. 계획 섹스라고 부를 수 있겠네요.

요즘은 연인 사이에 기념일을 많이 챙기죠. 100일 기념일뿐 아니라 투투데이도 챙기고 또 밸런타인데이, 화이트데이도 챙기고. 그러면 그날 무엇을 할지 미리 이야기를 해서 계획을 세우잖아요. 이와 같이 섹스도 미리 계획해서 해야 해요. 물론 섹스 자체에 대해 서로 동의한다는 전제가 있어야 하고요.

첫 섹스에 대해 미리 대화하는 것, 그러니까 일종의 섹스 토크를 해 보면 시기에 대해서도 이야기하고 장소에 대해서도 이야기하고 그날 무엇을 준비할지도 이야기하게 됩니다. 그 과정에서 서로가 원하는 것, 피하고자 하는 것을 하나하나 체크해 보게 되겠죠. 그러면서 마음의 준비도 미리 충분히 할 수 있게 됩니다.

연인 사이에 우발적으로 첫 섹스를 하는 경우가 너무 많습니다. 서로 어떻게 처음 관계를 가질지 아무 대화도 안 하고 눈치를 보다가 갑작스러운 시간에 낯선 장소에서 준비도 없이 하는 섹스인 것이죠. 이런 섹스만큼은 안 된다는 점을 분명해 말해 주셔야 합니다. 계획 섹스. 이게 정말 중요합니다.

이렇게 섹스를 계획하는 게 더 로맨틱하기도 합니다. 여행을 준비하는 과정이 더 설레는 것처럼 말이에요. 또한 섹스를 계획하는 것은 섹스에 대해 더 신중해지도록 해 줍니다. 대화를 나누면서 이것저것 체크해 나가다 보면 상대가 나와 섹스하기에 적합한 사람인지, 서로 충분히 즐길 수 있는 상황인지 좀 더 신중하게 고민하게 되니까요.

결국 계획 섹스의 핵심은 섹스를 돌발적인 사건이 아니라 두 사람이 함께 설레는 마음으로 준비하는 이벤트가 되게 하라는 겁니다. 중요한 것일수록 미리 준비해야 하는 게 당연하지 않겠습니까.

4부

아들이라서 성폭력 교육이 더 필요하다

– 아들 부모가 성폭력에 대해 알아야 할 17가지 사실들

"처음에 아이에게 성폭력이라는 개념을 설명하기는 참 어렵습니다. 그래서 저는 부모님들에게 느낌 훈련으로 시작하기를 권해 드립니다. 느낌 훈련이라는 것은 아이에게 좋은 느낌이 드는지, 나쁜 느낌이 드는지 자꾸 질문을 하면서 대화하는 것입니다."

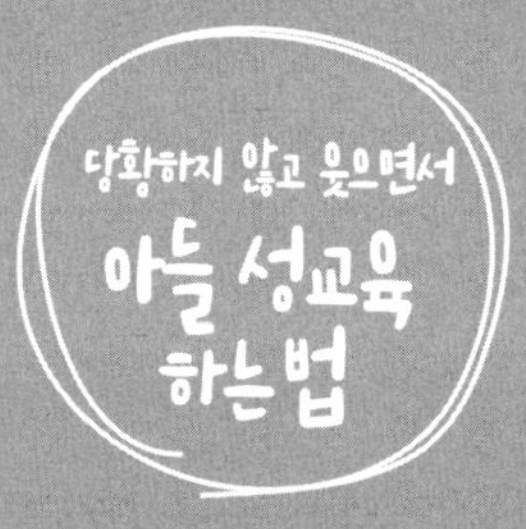
당황하지 않고 웃으면서
아들 성교육
하는 법

아들 성교육 27

'미투'가 불러오고 있는 새로운 시대를 맞아

제가 이 책을 준비하는 동안 우리나라에도 미투 운동이 시작되었습니다. 유명인에 대한 폭로가 계속되고 있고 뉴스에서도 미투 운동이 주요 이슈로 다루어지고 있습니다.

우리 사회에서 성폭력에 대한 문제 제기는 그동안 꾸준히 이루어져 왔습니다. 대표적으로 1992년에 일어난 서울대 신교수 성희롱 사건(소위 우조교 사건이라고 알려져 있는데, 가해자 이름을 붙이는 것이 옳습니다)은 성희롱도 범죄로 인식되게 했고, 2008년에 일어난 조두순 사건은 아동 성범죄자에 대한 형량이 강화되게 했습니다.

이전의 문제 제기가 단발적이었다면 미투 운동은 더욱 집단적인 움직임이며 하나의 거대한 물결입니다. 그만큼 그 영향이 비교도 할 수 없이 클 것입니다. 미투 운동은 그 성격상 이름이 알려진 사람, 높은 지위에 있는 사람에 대한 폭로가 주를 이루고 있습니다만, 이를 계기로 우리는 우리 사회 얼마나 일상적으로 성폭력에 노출되어 있는가를 비로소 직시하도록 만들고 있습니다.

미투 운동은 새로운 시대를 여는 문이 될 것입니다. 성폭력에 대한 인식이 강화되고, 피해자는 제 목소리를 낼 수 있게 되고, 성범죄자에 대한 처벌은 강화될 것입니다. 설령 당장 만족스러운 결과가 나오지는 않는다 하더라도 큰 방향은 거스를 수 없습니다.

그래서 성교육에서도 성폭력은 비중 있게 다루어야 할 필요가 있습니다. 이 책에서 성폭력을 따로 분리해 이렇게 한 부에 걸쳐 다루는 이유입니다. 아이들은 성폭력을 제대로 인지해야 하며, 부모님은 아이들이 그렇게 인지하도록 도와주는 한편 아이가 성폭력에 관계 되는 경우에 대비해야 합니다.

물론 성폭력은 그 자체로 고통스러운 주제입니다. 더구나 우리 아이가 성폭력 사건의 일부가 된다는 것은 상상만으로도 부모님을 힘들게 합니다. 하지만 외면하면 그 고통은 더욱 커집니다. 그렇기에 반드시 부모님들이 이 4부를 주의해서 읽어 주시기를 부탁드립니다.

아들 성교육 28 성폭력은 딸 가진 부모만 걱정할 문제가 아니에요

성폭력 뉴스를 보면 딸 가진 부모님들이 걱정을 많이 하세요. "우리 아이가 피해자가 될까 봐 너무 두려워요."라고들 말씀하시지요.

그런데 이런 걱정을 딸 가진 부모만 하면 될까요? 저는 딸 가진 부모만큼이나 아들 가진 부모님들도 걱정해야 한다고 생각합니다. 아들이라고 성폭력의 피해에서 자유로운 것이 결코 아님에도 불구하고 아들 부모님들은 방심하는 경향이 있습니다.

성폭력은 성별에 따라 그 유형을 네 가지로 나눌 수 있습니다. 남자가 여자에게 가하는 성폭력, 남자가 남자에게 가하는 성폭력, 여자가 남자에게 가하는 성폭력, 여자가 여자에게 가하는 성폭력. 물론 비율상 남자가 여자에게 가하는 것이 가장 많죠. 하지만 그렇다고 남자가 성폭력의 피해자가 되는 경우를 무시해서도 안 됩니다.

실제로 남성이 피해자로 신고된 성폭행은 2010년 702건에서 2014년 1375건으로 5년 동안 195퍼센트나 늘었습니다. 또한 성폭력 피해 지원센터인 해바라기센터의 자료에 따르면, 전체 성폭력 피해자 수의 5퍼센트는 남성으로 조사되었습니다. 이런 현실을 반영해 2012년에는 법적으로 강간 피해자의 범주가 '부녀'에서 '사람'으로 넓어졌습니다.

우리 아이도 언제든 그런 성폭력의 피해자가 될 수 있습니다. 30대 여성 교사가 초등학교 6학년 남학생과 수차례 성관계를 가진 사건을 기억하시나요? 이 교사는 결국 미성년자 의제강간 혐의로 구속되었습니다. 피해 아동은 수차례 심리 치료를 받아야 했습니다.

아들이 성인이 되었다고 해서 성폭력에서 자유로워지는 것도 아니에요. 모 지방자치단체장의 아들이 군대에서 후임병을 상대로 가혹 행위를 한 것이 밝혀져서 논란이 된 적이 있어요. 제가 여기서 굳이 그 단체장의 이름을 밝히지 않아도 많이들 기억하실 겁니다. 그런데 이 아들이 행한 가혹행위 중에 성추행이 있었어요. 이것은 그나마 밝혀졌지만 이렇게 군대나 직장 기숙사 같이 단체 생활이 이루어지는 곳에는 쉬쉬하고 넘어가는 성폭력 사건이 상당히 많습니다.

요새 디지털 성범죄라는 용어가 새로 생겼어요. '몰카'라는 단어 대신 쓰이게 된 말이에요. 요즘 소형 카메라가 너무도 작아져서 잡아내기가 쉽지 않아요. 화장실에서 발각되는 이런 카메라의 개수가 1년에 1,000개가 넘는다고 해요. 그런데 여기서도 남자가 타깃이 될 수 있어요. 화장실에서 남자가 남자를 찍다가 걸린 사례도 있습니다.

'성폭력은 남자가 여자에게 가하는 것이다.' 하는 편견이 강하다 보니 아들 부모님들은 아들에 대해 성폭력 교육을 소홀히 합니다. 그런 상황에서 성폭력의 피해자가 된 아이는 어떻게 대처해야 할지 몰라 더욱 당황하게 돼요. 자존심 때문에 부모님에게 털어놓지도 않으려 하고요. '나는 남자인데 내가 성폭력을 당하다니.' 하고 부끄러워하는 겁니다. 이제 딸 가진 부모님들에게 "아유, 걱정 많으시겠어요."라고 하실 것이 아니라 아들 가진 부모님들도 성폭력에 대한 경각심을 가지셔야 합니다.

아들 성교육 29 내 아이가 가해자가 될 수도 있어요

성폭력에는 피해자만 있는 것이 아닙니다. 피해자가 있으니 당연히 가해자도 있겠지요. 그렇다면 이런 가능성도 생각해 보셔야 합니다. 우리 아이가 누군가에게 성폭력을 저지를 가능성 말입니다.

남자가 여자에게 가하는 성폭력의 비중이 크다는 것은 그만큼 남자가 가해자가 되는 경우가 크다는 뜻이잖아요. 더구나 여자가 남자에게 가하는 성폭력보다 남자가 남자에게 가하는 성폭력이 더 많아요. 남학교나 군대, 남자들이 주로 많은 회사 같이 남자들로만 이루어진 집단에서 성폭력 피해 사례가 생각보다 많습니다. 이 가해자들도 하늘에서 뚝 떨어진 외계인 같은 존재가 아니라 분명 어느 부모님의 아들입니다.

그런데도 많은 부모님들이 우리 아이가 성폭력 가해자가 될 수 있다, 범죄자가 될 수 있다 하는 가능성 자체를 인정하지 않으려고 하세요. "우리 애는 절대 그럴 애가 아니다."라고 흔히들 말씀하시죠. 그런데 아이를 부모가 다 알 수는 없는 거예요. 부모 앞에서는 순하더라도 밖에서는 얼마든지 성폭력 가해자가 될 수 있어요. 성적으로 스스로를 억제하는 능력이 부족한 사람은 누구나 성범죄자가 될 수 있는 위험성을 가지고 있는데 상대적으로 아들은 딸보다 이런 훈련이 제대로 되어 있지 않거든요.

성적 충동에 대해서 아들에게 좀 더 관대하다 보니 부모님들은 아이가 호감이 있어서 좀 장난을 친 것뿐인데 상대가 오버를 한다, 이렇게 옹호하기도 합니다. 부모님 스스로 장난과 범죄를 제대로 구분하지 못하고 있는 것입니다. 피해를 입은 상대에게 "장난이니까 봐줘라." 하고 하실 것이 아니라 아이와 함께 부모님도 같이 교육을 받으셔야 합니다.

그래도 예전보다는 조금 분위기가 바뀐 것 같아요. 요즘은 제 강의에 아들 가진 부모님들이 와서 이와 관련된 질문을 많이 하거든요. "저는 아들 가진 엄마인데요……." 하고 이야기를 꺼내시죠. 이런 부모님이 늘어나고 있다는 건 참 다행인 일입니다.

아들 성교육 30 가해자의 흔한 착각이란?

제가 성범죄자들을 자주 만나요. 이들은 성폭력 방지 교육을 의무적으로 받아야 하기 때문이지요. 만나 보면 무척 다양합니다. 성희롱, 성추행을 한 경우부터 강간미수도 있고, 아예 전자발찌를 차고 있는 사람도 있어요.

"대체 왜 그러셨어요?" 하고 물어보면 이런 식의 대답이 나와요. 여자와 함께 영화를 봤대요. 그런데 그 여자가 잠이 들었어요. 그래서 자기한테 기대더래요. 이거는 같이 자자는 뜻이라는 거예요. 또 어떤 사람은 이래요. 여자가 턱받침을 하고서 자기를 쳐다보더래요. 이거는 자기를 유혹하려는 거래요. 같이 자자는 뜻이래요.

최근에 만난 어떤 사람은 이러더라고요. 자기가 교회를 다니기 시작했는데 한 여자가 자기만 보면 환하게 웃으면서 "어머, 교회 오셨네요." 하고 인사를 한대요. 커피도 마시라고 권한대요. 교회를 안 간 날에는 문자를 보낸대요. "왜 안 오셨어요? 다음 주에는 꼭 오세요." 이거는 자기를 좋아한다는 신호를 보내는 거래요. 아무래도 스킨십을 바라는 것 같대요. 그래서 제가 이렇게 대답했습니다. "그건 좋아하는 게 아니라 전도하는 거예요. 저도 아저씨가 상담 오면 커피 주고 '상담 있으니까 오세요.' 하고 문자 드리잖아요. 아저씨와 얘기하다가 웃기도 하잖아요. 그럼 저도 아저씨를 좋아하는 건가요?"

이런 이야기를 들으면 어떠세요? 참 황당한 생각을 한다 싶으시죠? 그런데 제가 만난 성범죄자들은 이런 생각을 하는 사람이 대다수였어요. 우리 사회에 성범죄자가 얼마나 많습니까. 법의 처벌을 받지 않고 숨어 있는 성범죄자는 또 얼마나 많습니까.

더 문제는 성범죄까지는 가지 않았더라도 성범죄자의 이런 생각에 심정적으로 동조하는 사람은 더욱 많다는 것입니다. '설마 혼자 일방적으로 그렇게 느꼈겠나. 피해자가 뭐든 조금이라도 빌미를 줬으니까 그런 거겠지.' 하는 생각이에요. 정도의 차이만 있을 뿐, 결국 성범죄자와 같은 착각입니다. 또한 피해자에 대한 2차 가해인 셈이고요.

성적 동의는 자신의 짐작으로 판단하는 것이 아니라 상대방이 분명히 표현해 줘야 하는 겁니다. 동의를 구하는 질문을 구체적으로 하고 반드시 "YES!"라는 대답이 나와야 성적 행동이 이어질 수 있는 겁니다.

결국 성적자기결정권의 문제입니다. 성적자기결정권을 제대로 훈련한 아이는 어느 상황에서나 상대방의 성적자기결정권 역시 존중할 줄 압니다. 당연히 성범죄자의 심리에 동조하며 피해자에게 2차 가해를 하지도 않고요. 우리 아이를 가해자로 만들지 않기 위해서도 성교육은 반드시 필요한 것입니다.

아들 성교육 31 '느낌 훈련'으로 시작하세요

처음에 아이에게 성폭력이라는 개념을 설명하기는 참 어렵습니다. 그래서 저는 부모님들에게 느낌 훈련으로 시작하기를 권해 드립니다. 느낌 훈련이라는 것은 아이에게 좋은 느낌이 드는지, 나쁜 느낌이 드는지 자꾸 질문을 하면서 대화하는 것입니다. 그러면서 나쁜 느낌이 들 때는 어떻게 해야 하는지 방향을 잡아 주는 것입니다.

왜 느낌 훈련이 중요하냐면, 아이들은 상대에 대해 좋은 사람인지 나쁜 사람인지 그리고 상대의 행동이 좋은 건지 나쁜 건지 잘 구분하지 못해요. 하지만 스스로 어떤 느낌이 드는지는 알죠. 그건 자기 느낌이니까요.

그리고 부모님이 아이의 몸을 만질 때 "엄마가 안아 줄까?"

"아빠가 뽀뽀해 줄까?" 하는 식으로 자꾸 물어보는 것, 이것도 역시 느낌 훈련과 연관성이 깊어요. 부모님의 질문에 대해 아이는 지금 자신의 느낌이 어떤지 자꾸 생각해 보게 되니까요.

법정에서 성폭력 사건을 다룰 때도 피해 아동에게 당시의 느낌을 많이 물어봅니다. 법정까지 가는 일이 생기지 않는다면 좋겠지만, 그래도 이 점은 알아 두실 필요는 있겠지요.

느낌 훈련에 대해 더 구체적으로 말씀 드릴게요. 아이들이 많이 보는 대표적인 프로그램이 〈뽀로로〉잖아요. 부모님이 〈뽀로로〉를 같이 보고 나서 물어보세요. "지금 뽀로로가 기분이 좋은 것 같아? 나쁜 것 같아?" "그럼 네 느낌은 어때?" 하고 말이에요. "그래서 뽀로로가 어떻게 했어?" "너는 어떻게 할 것 같아?" "그런 느낌이 들면 이렇게 해 보면 어떨까?" 하는 식으로 계속 대화를 이어 가세요.

이런 대화는 어떤 프로그램을 볼 때든 가능해요. 〈짱구는 못 말려〉를 본다고 해 봅시다. 사실 짱구가 성적으로 무례한 태도를 보이는 에피소드가 종종 등장하잖아요. "짱구가 저렇게 행동하면 가족들이 좋아할까?" "짱구 같은 아이가 여자 친구를 사귈 수 있을까?"라는 식으로 다양하게 대화를 이어 나갈 수 있습니다. 꼭 어린이 프로그램이 아니라 드라마를 보고서도 가능하고, TV 광고를 보고서도 가능하고, 그림책을 보고서도 가능합니다. 가능하면 무언가를 보고서 짧은 시간이라도 이런 대화를 자주 가지도록 하세요.

이런 질문을 하려면 부모님이 그 맥락을 파악하고 있어야겠죠. 아이 혼자 보게 하고서 부모님은 질문만 하면 안 되고 꼭 같이 보셔야 합니다. 예를 들어, 드라마에서 남자 주인공이 여자 주인공을 억지로 포옹했어요. 아이는 그것에 대해 "둘이 좋아서 안았어요."라고 대답할 수도 있거든요. 드라마 속에서도 그런 것으로 그려지고요. 그럴 때 부모님이 그런 행동이 왜 문제인지 집어 주셔야 합니다.

아들 성교육 32 "~하지 마라"는 충분하지 않아요

꼭 성교육이 아니라 무언가를 교육할 때 대부분 마찬가지예요. "~하지 마라." 하는 것보다는 "~해라" 하는 식으로 표현해서 가르치는 게 더 좋습니다. 부정적 모델을 통한 교육보다는 긍정 모델을 통한 교육이라고 할 수 있겠죠.

소방차 대응 교육에 빗대어 볼게요. 소방차가 지나갈 때 다른 차들이 꽉 막고 있는 모습을 보여 주면서 "이래서는 안 된다." 하는 교육을 생각해 보세요. 반면, 소방차가 지나갈 때 다른 차들이 한쪽으로 비켜나는 모습을 보며 주며 "이렇게 해야 한다." 하는 교육을 생각해 보세요. 어느 쪽이 더 효과적일까요? 후자입니다.

부모님들이 아이에게 "낯선 사람을 따라가지 마라." "위험한 데로 가지 마라." "밤늦게 다니지 마라."하고 많이 말씀하세요.

하지만 그것보다는 그 상황에서 어떻게 해야 하는지 알려 주시는 것이 좋습니다.

이것도 단순히 “누가 옷 속에 손을 넣으면 소리를 질러라.” 하는 정도로는 안 돼요. 그냥 설명만 하시지 말고 그 상황을 가정에서 이럴 때 어떻게 행동해야 하는지 연습해 보는 것이 더 효과적입니다. 학교에서 화재 상황을 가정하고 실제와 똑같이 대피 훈련을 하는 것과 비슷하다고 생각하시면 됩니다. 역할 놀이와 비슷하다고도 볼 수 있겠습니다. 일종의 모델링이죠.

엄마 : 자, 엄마가 어떤 아저씨라고 해 보자. 낯선 아저씨인 거야.

아이 : 응.

엄마 : 지금 네가 집에 가고 있는데 낯선 아저씨가 다가온 거야.

아이 : 응.

엄마 : 아저씨가 이러네. 너 이 동네 사니? 내가 길을 못 찾겠는데 네가 좀 찾아줄래?

아이 : 어른한테 도와 달라고 하세요.

엄마 : 아저씨가 지금 급해서 그래. 아저씨 좀 도와줘. (아이 손을 잡는다.)

아이 : 싫어요! 안 돼요! 이러고 빨리 피해서 도망쳐요.

엄마 : 잘했어. 그리고 집에 와서는 어떻게 하지?

아이 : 무슨 일이 있었는지 엄마한테 얘기해요.

엄마 : 맞아, 잘했어.

아빠 : 가게에서 마음에 드는 물건이 있으면 계산할 때 어떻게 하지?

아이 : 주인한테 가서 돈을 내요.

아빠 : 네가 돈을 내미는데 주인이 이렇게 말하는 거야. 아유, 너 참 귀엽구나. 여기 무릎에 앉아 볼래?

아이 : 아니요. 싫어요.

아빠 : 네가 너무 귀여워서 그래. 여기 앉으면 그 물건 공짜로 줄 수도 있는데.

아이 : 그래도 안 돼요.

아빠 : 얘, 그러지 말고……. (아이를 안으려 한다.)

아이 : 싫어요! (빨리 달려 나간다.)

아빠 : 그래, 그렇게 하면 돼. 잘하네.

예시라서 간략하게 이 정도로만 제시해 드렸는데요, 아이의 반응에 따라 다양하게 전개될 수 있겠죠. 아이가 "어떻게 할지 모르겠는데…….”라고 망설인다거나 “무릎에 잠깐만 앉아요.”라고 잘못된 답을 할 수도 있어요. 그렇더라도 다그치지 마시고, 차근차근 설명해 주면서 올바른 행동을 유도하고 훈련하게 하세요.

이 외에도 아이와 함께 여러 상황을 가정하며 연습해 보세요. 소리를 못 지르는 상황이라면 어떻게 할지, 친구가 같이 있을 때는 어떻게 할지 등등 여러 가지 경우를 가정해 보세요. 아이의 생각도 물어보면서요.

아들 성교육 33 낯선 사람을 조심하라? 아는 사람이 더 위험해요

성폭력 하면 어두울 때 어떤 경우가 떠오르시나요? 인적이 드문 장소를 지나다가 낯선 사람으로부터 당하는 상황을 많이들 상상시더군요.

그런 경우도 물론 많지요. 하지만 통계를 보면 의외의 결과가 나옵니다. 성폭력은 가족이라든지 이웃, 친구 등 주변의 아는 사람으로부터 당하는 경우가 훨씬 더 많습니다. 아는 사람이 가하는 성폭력은 나이나 지위로 인해 상대방에 대해 가지게 된 권위를 이용해서 이루어지곤 합니다.

특히 가족 안에서 일어나는 성폭력을 친족 성폭력이라 일컫습니다. 피해자와 가해자가 같은 공간에 거주하고 있거나 자주 대면하다 보니 피해가 일회적이지 않고 지속적으로 일어날 가능성이 그만큼 더 크다는 특징이 있습니다. 어린 시절부터 시작되어 청소년기, 성인이 되어서도 지속되기도 합니다. 그래서 피해자는 가족에 대한 배신감, 복수심, 소외감, 모멸감으로 끊임없이 갈등을 느끼며 생활하게 됩니다. 또 신체적, 심리적, 사회적으로 더욱 심각한 후유증과 어려움을 호소하게 됩니다.

'어떻게 가족을 상대로 성폭력을 가할 수 있을까, 그런 사람은 특별한 변태적 성향을 가진 정신 이상자가 아닌가.' 하는 생각이 드시나요? 그런데 이런 가해자들이 대부분 밖에서 보면 회사원, 공무원 같은 정상적이고 일반적인 직업들을 가진 너무나 멀쩡한 사람들인 경우가 대부분입니다. 고학력자, 중산층도 많습니다. 정신 이상의 문제라기보다는 성적 욕구를 자신의 권위를 이용해 쉽게 해결하려는 잘못된 인식의 문제로 보아야 합니다.

실제로 일어나는 많은 성폭력이 가해자와 피해자의 권력 관계와 연관이 깊습니다. 남성-여성, 연장자-연소자, 상사-부하직원, 비장애인-장애인, 내국인-이주노동자 등의 관계에서 누가 누구에게 성폭력을 행하는가를 살펴보면 권력과 성폭력의 관련성을 이해할 수 있습니다.

따라서 지인이 가하는 성폭력 역시 꼭 여자아이만 대상이 되는 것이 아닙니다. 여자아이가 대상이 되는 경우가 많긴 하지만 남자아이라고 무조건 예외가 되는 것도 아닙니다. 또 반대로 남자아이가 가해자가 되기도 하고요. 여동생이라든지 여자 후배라든지, 나쁜 마음을 먹으면 대상은 얼마든지 찾아낼 수 있거든요. 또한 남성 간의 성폭력 역시 권력 차이에서 오는 위계와 동반하여 일어납니다.

이렇게 지인이 가하는 성폭력은 누군가에게 털어놓는 것이 더욱더 힘듭니다. 가해자 역시 그런 점을 이용해 "네가 알리면 우리 집안은 파탄 나는 거다."라는 식으로 더욱 협박을 가하기도 하고요. 따라서 어떤 경우든 간에 피해자를 믿어 주고 감싸 줄 거라는 확신을 줄 수 있는 사람이 피해자의 곁에 있어야 합니다. 부모님이 그런 존재라는 믿음을 주시고, 부모님이 아니라도 전문 상담사나 관련 단체에 도움을 청할 수 있다는 사실을 미리 가르쳐 주세요.

지인에 의한 성폭력을 막기 위해서는, 또는 최대한 빨리 그 사실이 드러나도록 하기 위해서는 아이가 아무리 가까운 사람이라도 자신의 몸을 함부로 만지는 것에 문제의식을 가지도록 해야 합니다. 가족 사이에서도 스킨십을 할 때 허락을 구하도록 하는 자기결정권 교육이 그래서 필요한 것입니다. 또한 성교육은 아이 혼자에게만 필요한 것이 아니라 가족 모두에게 필요한 것이라는 인식을 가져야 합니다.

아들 성교육 34

생존 그 자체가 중요합니다

요즘 성폭력 피해자를 '생존자'라고 표현하곤 합니다. 단순히 피해를 입은 수동적인 존재가 아니라 고통을 극복하고 생존해 낸 적극적인 존재라는 뜻을 담은 말이죠.

우리 사회는 '성폭력 피해를 입으면 인생이 완전히 망가지는 거다.'라고 여기는 시각이 팽배합니다. 그런 시각이 오히려 성폭력 피해자들을 더욱 움츠러들게 합니다. 피해자마저 그런 시각에 빠져서 '난 이제 끝이다.' 하고 여기게 되면 더 악순환에 빠지는 것입니다. 물론 성폭력을 당하면 너무도 고통스럽지요. 하지만 본인이 노력하고 주위에서 적극적으로 지원해 준다면 그 고통을 극복해 내고 정상적으로 생활할 수 있습니다.

그런데 우리 사회는 피해자들이 생존자가 되도록 돕는 데는 소홀합니다. 아니, 소홀한 정도를 넘어서 오히려 피해자를 탓하게 되는 구조입니다. 아무리 나이가 어린 피해자라고 해서 이런 구도에서 자유롭지 못해요.

대표적인 것이 피해자에게 왜 저항하지 않았느냐고 따지는 것입니다. 그런데 평소 "성폭력을 당할 상황이면 크게 소리쳐서 주변에 외쳐라." 하는 점을 훈련했다 하더라도, 막상 그 상황에 처하면 그렇게 하기가 쉽지 않을 수 있습니다. 순간적으로 머릿속이 하얗게 되기도 하고 두려움에 몸이 굳기도 해서 어른들도 소리 못 지르고 당하는 사례가 너무 많습니다. 또 상황과 상대에 따라서 소리를 질렀다가 더 큰 위험에 처하게 될 수도 있고요. 사실 저 역시 성교육 전문 강사지만 그 상황에 처했을 때 매뉴얼대로 정확하게 행동할 거라고 장담할 수 없어요.

어른들도 이런데 아이라면 어떻겠어요. 그런데도 우리 사회는 어린 피해자들에게까지 "너 왜 그 상황에서 소리도 안 지르고 가만히 있었니?" 하고 추궁한단 말이죠. 그러면 피해자는 '아, 내가 잘못해서 당한 거구나.' 하고 자책하게 되고 더욱 움츠러들게 될 수밖에 없습니다. 전형적인 2차 피해입니다.

저는 성폭력 피해자에게 꼭 이런 이야기를 해 줍니다. "살아 있어서 다행이다. 성폭력을 당할 때 저항을 했다, 못 했다, 신고를 했다, 못 했다, 가해자를 처벌했다, 못 처벌했다 등등 수많은 상황과 변수가 있는데 그런 거 다 떠나서 그냥 살아 있는 것 자체가 존귀한 거다. 그게 가장 중요한 거다."라고 말이에요. 성폭력 피해자가 생존자로 살아간다는 것 자체에 박수를 보내 주는 사회가 되었으면 좋겠습니다.

아들 성교육 35 피해자 예방 교육에서 가해자 방지 교육으로

2008년 조두순 사건을 많이들 기억하실 겁니다. 지금이야 조두순 사건이라고 부르는 것이 자연스럽지만 초기에 이 사건은 피해자의 가명을 따라 나영이 사건이라고 불렸습니다. 그러다 피해자의 인권을 보호해야 한다는 문제의식이 제기되면서 조두순 사건이라고 바꿔 부르기 시작했지요. 이것은 우리나라에서 성폭력에 대한 시각이 전환되는 큰 계기가 되었습니다.

이전까지만 해도 피해자가 성폭력을 유발했다는 관점이 여전히 컸습니다. 가해자를 단죄하기는커녕 피해자들에게 꼬리표를 달곤 했습니다. 그러니 피해자들이 신고하는 비율도 미미했습니다. 당연히 가해자들도 이렇다 할 죄의식이나 문제의식을 가지지 않았습니다. 하지만 조두순 사건 이후로 가해자가 성폭력의 책임을 전적으로 져야 한다는 관점이 지지를 받게 되었습니다.

이에 따라 가해자 방지 교육의 필요성이 대두되었습니다. 예를 들어, '엘리베이터는 가급적 혼자 타지 마라.' 하는 것은 피해자 예방 교육입니다. 이것을 가해자 방지 교육으로 수정하면, 가급적 '아동이나 여성이 혼자 있는 엘리베이터는 불안해 하지 않도록 먼저 보낸 후 타라.' 하는 것이 됩니다.

계속 예를 들어 보겠습니다. 밤늦은 길에 여자가 앞에서, 남자는 뒤에서 걸어가고 있는 상황이라고 칩시다. 여성은 혹시나 하는 불안 심리로 인해 빨리 뛰게 되고, 남자는 자신이 이상한 사람도 아닌데 오해를 받았다고 생각하게 됩니다. 이때 서로에게 좋은 방법은, 남자가 골목길을 걸어가다가 앞에서 여자가 걸어가고 있는 것을 발견하면 잠시 멈추었다가 가는 것입니다. 그것을 일명 '거리의 존중'이라고 합니다. 사람과 사람 사이에도 존중하는 거리가 있어야 안전하다는 뜻이지요.

조금 더 범위를 넓혀 보면, 남성 중심의 왜곡된 성문화를 거부하는 것까지 생각해 볼 수 있습니다. 여성을 성적으로 대상화하는 남성 중심 성문화에서는 성적 농담과 포르노, 성매매 등이 남성들의 유희와 쾌락인 동시에 남성성을 획득하고 강화하는 핵심이 됩니다. 이러한 문화는 성폭력에 대한 공포를 확산함으로써 여성의 활동 영역을 제한하고 옷차림과 행동을 규제하는 방식으로 이루어집니다. 기존의 왜곡된 성문화를 문제 삼는 대신 일방적으로 여성에게 몸을 사리도록 강제하는 것입니다.

이렇듯 여성을 도구화하고 지배하는 남성 중심의 왜곡된 성문화는 남성 집단의 공모와 연대로 계속 유지됩니다. 가해자 방지 교육은 이런 문화 자체를 재생산되지 못하도록 하는 적극적인 시민 교육인 셈입니다.

아들 성교육 36 남자아이의 괴롭힘은 좋아한다는 표시라고?

어느 엄마가 제게 알려 준 사례입니다. 어느 날 학교에서 연락이 왔어요. 딸이 무릎을 다쳤다는 거예요. 이 엄마는 놀라서 담임 선생님에게 아이가 어쩌다 다친 것인지 물어봤어요. 담임 선생님이 "짝인 남자애가 밀었어요." 하길래 이 엄마는 "얘가 왜 밀었어요?" 하고 물었지요. 그랬더니 담임 선생님 대답이 "걔가 좋아하나 봐요."였다는 겁니다.

이 엄마는 딸을 데리고 병원에 갔어요. 간호사가 무릎을 살펴보면서 딸한테 "왜 이렇게 다치게 됐니?"라고 묻길래 딸이 "짝이 밀었어요."라고 대답했어요. 그랬더니 이 간호사도 "으이그, 걔가 너 좋아하나 보다."라고 대답하더랍니다.

너무 이상한 논리가 아닙니까. 사람이 다른 사람을 공격해서 다치게 했어요. 그런데 그것을 '좋아하기 때문에 그런 거다.'라고 해석하다니요. 좋아하면 다치게 해도 된다는 건가요? 언제부터 대한민국에서는 남을 다치게 하는 것이 애정의 표현이 되었나요? 이런 논리를 아이들에게만 적용하는 것도 아니에요. 애인 사이, 부부 사이에도 이런 논리가 통합니다. 그러니 데이트 폭력이며 부부 강간이 만연한 겁니다. 이건 가해자에게 면죄부를 주는 것이나 다름없습니다.

좋아하는 것과 괴롭히는 것은 분명히 구분되어야 합니다. 좋아하는 것은 좋아하는 것이고, 괴롭히는 것은 괴롭히는 것이에요. 남자아이가 여자아이를 괴롭히는 것이 호감의 표현으로 해석되는 문화는 어른들이 만들어 놓은 거예요.

저는 한때 유행한 '나쁜 남자 신드롬'도 이런 잘못된 문화가 만든 것이라고 생각합니다. 나쁜 남자면 멀리해야 하는 것이 정상이잖아요. 그런데 나쁜 남자라고 명명해 놓고 오히려 환호하다니요. 여자들이 어릴 때부터 자기를 못살게 굴던 남자아이에 대해 '걔는 나를 좋아해서 그런 거구나.' 하고 생각하다 보니 커서 나쁜 남자에 대해서도 '저 남자는 나를 진심으로 사랑해서 저러는 거구나.' 하고 생각하는 게 아닙니까. 자신이 피해자라는 것도 인지하지 못하게 되는 겁니다.

이 점을 꼭 분명히 합시다. 어떤 경우든 간에 폭력은 폭력일 뿐이고, 나쁜 남자는 나쁜 남자일 뿐입니다. 그리고 나쁜 성교육이 나쁜 남자를, 좋은 성교육이 좋은 남자를 만드는 것입니다.

아들 성교육 37 성폭력에 대한 프레임을 전환하세요

우리 사회에는 성폭력 문제를 현실보다 가볍게 여기는 경향이 있습니다. 이런 경향을 강화하는 대표적인 프레임들이 있습니다. 프레임 대신 편견 내지 고정관념이라고 표현할 수도 있겠습니다. 이 프레임들을 살펴보시면서 부모님 스스로 마음속에 이런 프레임을 가지고 있지 않은지 점검해 보시면 좋겠습니다.

프레임 1 성폭력은 젊은 여성에게만 일어난다.

젊은 여성이 성적인 매력으로 젊은 남성의 성욕을 자극하여 성폭력을 발생시킨다는 것입니다. 그러나 실제 사례를 보면 성폭력 피해자는 생후 4개월 아기부터 70세 할머니까지 다양합니다. 통계에 의하면 피해자 중 22.7퍼센트가 만 13세 미만의 어린이입니다. 2.7퍼센트는 남성이고요.

성폭력은 젊은 여성에게만 일어나는 게 아닙니다. 어떤 집단 안에서 약자에 속한 사람은 누구든 성폭력 피해자가 될 수 있습니다. 건장한 젊은 남성이라도 군대 안에서 약자가 되었을 때 성폭력 피해자가 되기도 하는 것입니다.

프레임 2 여성의 야한 옷차림과 행동이 성폭력을 유발한다.

앞서 본 첫 번째 프레임과도 연결된 것인데, 여성의 옷차림과 행동이 성폭력의 원인이 된다는 것입니다. 이런 프레임을 가진 사람들이 나름 여자들을 위한답시고 "짧은 치마 입고 다니지 마라." 하는 충고를 하곤 하지요.

이 프레임 역시 앞서 보여 드린 통계에 따르면 전혀 사실이 아닙니다. 성폭력 피해 어린이에게 "네가 옷차림이 잘못되어서 이렇게 된 거다."라고 할 수 있나요. 직장 내 성폭력은 또 어떻고요. 격식을 중요시하는 정장 차림만 고집하는 대기업, 공공기업에서도 성폭력이 벌어지고 있지 않습니까.

실제로 성폭력 피해자가 야한 옷차림을 하고 있었다고 해도 그것이 성폭력을 허락한다는 뜻이 되는 것은 전혀 아닙니다. 성적 행동에 대한 허락은 상대의 옷차림을 보고 짐작하는 것이 아니라 구체적으로 “YES”라는 답변을 받아야 하는 것입니다.

프레임 3 여성은 강간당하기를 원하거나 강간을 즐긴다.

여성이 성폭력을 즐긴다는 것은 성폭력을 대하는 가장 비상식적이고 피해자를 괴롭히는 프레임입니다. 성폭력 피해자들이 얼마나 큰 고통을 경험하게 되었는지 털어놓은 숱한 증언들을 무시하는 것이지요. 거기다 아직 어린 성폭력 피해자에게까지 이런 프레임을 들이대는 것은 너무도 잘못된 것입니다.

저는 극단적인 형태의 음란물 때문에 이런 프레임이 강화된다고 생각합니다. 음란물을 보면 강간을 당하는 사람이 처음에는 거부하다가 중간에 태도를 바꿔 오히려 더 좋아하고 더 격렬한 성관계까지 요구하는 모습이 많이 묘사됩니다. 그런 음란물을 반복적으로 보게 되면 음란물 속의 그러한 모습이 현실이라고 받아들이고 왜곡된 관점을 가지게 됩니다.

아동이 등장하는 음란물에 대해서는 문제의식이 강화되어서 단속이 되고 있는데, 이런 식으로 성폭력을 미화하는 음란물도 단속이 필요합니다.

프레임 4 성폭력은 억제할 수 없는 남성의 성충동에 의해 일어난다.

남성의 성욕은 본능적이며 충동적이고 억제할 수 없다는 것입니다. 그러나 남성의 성충동은 억제할 수 없는 욕구가 아닙니다. 성폭력은 남성의 성충동 때문에 발생하는 것이 아니라 남성의 공격적인 성행동을 '남성다운 행동'이라고 묵인하거나 심지어 조장하는 사회적 풍토 때문에 발생합니다. 자신이 가진 힘과 권력을 왜곡된 방식으로 행사하는 것입니다.

더구나 성폭력은 꼭 남성-여성 사이에 일어나는 것만이 아닙니다. 많지는 않지만 여성이 성폭력 가해자가 되는 경우도 분명히 존재합니다.

생각해 보면, 왜 굳이 성폭력에서만 남성의 본능을 그리도 배려해 주는지 의아하지 않습니까. 인간에게는 살인에 대한 본능이 있습니다. 하지만 그것을 억누르고 처벌하는 문화를 만들었지요. 그래서 살인죄를 저지른 사람에 대해 "억제할 수 없는 살인 충동에 의해" 운운하며 두둔하지 않습니다. 그런데 성폭력을 저지른 사람의 본능은 왜 두둔해 주어야 하나요. 결국 잘못된 문화의 문제인 것입니다.

프레임 5 여성이 조심하는 것 말고 성폭력을 방지할 수 있는 특별한 방법은 없다.

성폭력을 방지하려면 여성이 조심해야 한다는 것입니다. 한마디로 본인 몸은 본인이 스스로 알아서 지키라는 것이지요. 이것도 역시나 피해자인 여성에게 책임을 돌리는 논리일 뿐입니다.

사실 이미 여성들은 너무도 조심하며 살고 있습니다. 일상적으로 성폭력의 두려움을 항상 느끼며 살아가고 있는 것이지요. 그리고 실제로 많은 여성이 그렇게 조심하고도 성폭력을 경험하고 있고요. 여성에게 조심하라고 요구하는 것은 현실과도 맞지 않고 실효성도 없습니다.

결국 성폭력을 방지하는 것은 가해자를 방지하는 것에 초점이 맞추어져야 합니다. 특히 개별 가해자가 아니라 우리 사회 구조, 우리 문화가 가해자 역할을 하고 있다는 반성이 이루어져야 합니다. 그것만이 성폭력을 방지할 수 있는 가장 효과적이고 근본적인 대책이 될 수 있습니다.

아들 성교육 38 성폭력 지수 알아보기

성폭력은 일부 사람들만의 일탈적인 행동으로만 치부해서는 안 됩니다. 기존의 왜곡된 젠더문화 속에서 살아가는 우리 모두는 성폭력의 가해자이자 피해자일 수 있습니다. 우리는 우리 자신도 모르는 사이에 일상 속에서 성폭력을 용인하고 피해자를 탓하고 있는지도 모릅니다. 따라서 우리는 이 왜곡된 구도를 먼저 직시해야 합니다.

다음은 성폭력 지수를 알아보는 문항입니다. 이 질문들은 자신도 모르게 가지고 있을 성폭력 발생 가능성을 측정해 보는 것입니다. 솔직하게 평소 생각대로 답하시면 됩니다. 원래는 남성을 상대로 작성된 문항이지만 여성인 독자분도 참여해 보세요. 아이와 함께 작성해 본 다음, 이야기를 나누어 보는 것도 좋습니다.

성폭력 지수 알아보기

(1) 남성이 아내, 애인 등에게는 배려하고자 하나, 보통의 여성들에게는 그럴 필요를 많이 못 느끼는 것이 당연하다. ○ ×

(2) 괜찮은 남자란 여성을 보호하고 챙겨주는 남자다. ○ ×

(3) 화가 나거나 괴롭고 힘들 때, 이러한 감정을 말로 표현하기 힘들다. ○ ×

(4) 노출이 심한 옷을 입는 여자는 성관계에 대해서도 개방적이다. ○ ×

(5) 성관계에서 남자가 리드해야 한다. ○ ×

(6) 키스나 성적인 접촉을 하기 전에 상대에게 동의를 직접 물어보는 것은 창피하고 무드를 깨는 행위다. ○ ×

(7) 성폭력은 피해자에게도 일정 정도 책임이 있다. ○ ×

(8) 밤에 여관이나 집에 따라 왔다는 것은 사실 섹스를 허락한다는 의미로 이해된다. ○ ×

(9) 성경험이 많음을 자랑하는 친구를 보면서 부러움을 느낀 적이 있다. ○ ×

(10) 섹스에 적극적으로 의사를 표현하는 여성은 솔직히 성관계 경험이 많은 것이다. ○ ×

(11) 여자들은 은근히 터프하고 거친 남자에게 매력을 느낀다. ○ ×

(12) 사귀고 싶은 여성이 싫다고 말한다 해도, 남성이 꾸준히 애정을 전달함으로써 사랑을 얻어내는 것도 낭만이고 순정이다. ○ ×

(13) 이성을 잘 이해할 수 없다. 이성과 소통하는 데 어려움을 많이 느낀다. ○ ×

(14) 화가 났을 때, 화가 난 대상에게 이를 직접 표현하고 설명

하지 못하고, 다른 대상에게 짜증을 내거나 화풀이를 할 때가 있다. ○ ×

(15) 남성에게는 자신보다 남성을 더 배려하고, 남성의 말을 믿고 따라와 주고, 남성을 존경해 주는 여성이 좋다. ○ ×

점수 ○ **표시마다 1점으로 계산**

15~7점 빨간 신호등! 주변의 감정에 귀 기울여 주세요. 그리고 자신의 감정을 적절하게 표현하기 위해 노력해 주세요.

6~3점 노란 신호등! 폭력에 반대하고, 평등하고자 하는 당신, 그러나 주변의 관계와 감정들을 돌아보는 노력이 좀 더 필요합니다.

1~2점 초록 신호등, 당신은 건강한 성 관념을 가지고 있군요. 당신의 의미 있는 경험과 긍정적인 느낌들을 주변 사람들에게도 알려 주세요.

아들 성교육 39 아이가 성폭력을 당했을 때 보이는 증상들은?

부모님들은 우리 아이도 언제든 성폭력 피해자가 될 수 있다는 사실을 생각해 두셔야 해요. 부모님이 아무리 아이를 보호한다고 해도 아이를 성폭력으로부터 완전히 보호할 수 없어요.

성폭력을 당했을 때 아이가 곧장 부모님에게 이야기하면 좋겠지만, 아이가 그러지 못할 수도 있습니다. 자신이 당한 것이 무엇인지 정확히 인지하지 못해서일 수도 있고, 가해자가 잘 아는 사람일 경우 그 사람과의 관계가 틀어질까 봐 걱정해서일 수도 있고, 부모님이 화를 낼까 봐 걱정해서일 수도 있습니다.

물론 어릴 때부터 성적자기결정권 훈련을 잘 받은 아이라면 부모님에게 바로 이야기할 가능성이 높겠죠. 하지만 아이는 꼭 훈련한 대로만, 부모님이 예상한 대로만 행동하지는 않는다는 것을 부모님 스스로 잘 아실 겁니다.

그래서 부모님이 평소 아이를 잘 관찰하실 필요가 있습니다. 성폭력을 당한 아이는 꼭 말을 하지 않아도 몸으로 마음으로 여러 증상을 보이게 됩니다. 부모님이 그 증상을 잘 포착하셔야 합니다.

신체적 증상으로는 성기나 항문에 있는 상처입니다. 상처가 눈에 확 드러나지는 않더라도 아이가 몸을 씻을 때 불편해하거나 아파한다면 잘 관찰해 보세요. 입의 상처도 적당히 지나쳐서는 안 됩니다. 가해자가 아이에게 강제로 키스를 하거나 구강성교를 하는 과정에서 입에 상처를 입힐 수 있거든요. 특히 이 경우에는 구토를 할 수 있으니 살펴봐 주셔야 합니다.

심리적 증상으로는 아이가 성적인 행동이나 표현을 하는 것입니다. 예를 들어, 인형을 상대로 성관계 흉내를 내거나, 성기에서 정액이 나오는 모습을 그릴 수 있습니다. '아이가 성교육을 받아서 그러나 보다.' 하고 생각하실 수도 있는데 성교육에서는 이렇게 구체적인 행동을 알려 주지 않습니다.

또한 아이가 갑작스레 불안 행동을 보인다거나 우울 증세를 보일 수 있습니다. 이유 없이 짜증을 부린다거나 친구와 싸우기도 하고, 웃어야 할 때 울기도 하며, 미취학 아동이라면 오줌을

싸고 손가락을 빠는 퇴행 행동을 보이기도 합니다. 불면증, 대인기피, 식욕 감퇴 등 우울증으로 의심할 수 있는 모습이 나타나는 경우도 많습니다.

성폭력 증상이 의심되더라도 아이를 다그치지는 마세요. 화들짝 놀라거나 당황스러워하지도 마세요. 지금 누구보다도 아이 본인이 가장 불안정한 상태라는 점을 염두에 두시고 침착하게 대화를 나누셔야 합니다.

아들 성교육 40 아이가 성폭력 피해를 입었다면?

아이가 성폭력 피해를 입었다는 것을 알게 되었을 때 많은 부모님이 일단 "아이의 말이 사실일까?" 하고 반응하십니다. 왜냐면 자신의 아이에게 그런 일이 일어났다고 믿고 싶지 않으니까요. 특히 가해자가 가족이나 친척이면 더욱 수용하기 힘들어하죠. 하지만 그럴수록 아이의 말을 믿어 주셔야 합니다. 아이를 탓하는 것은 더욱 금물입니다.

아이에게 해 주어야 하는 말

엄마 아빠는 너를 믿어.

너 때문에 일어난 일이 아니란다.

네가 나쁜 애라서 생긴 일이 아니란다.

큰일 날 뻔했구나. 그만하니 참으로 다행이다.

다른 아이였더라도 마찬가지였을 거야. 그 상황에서는 어떻게 할 수 없었겠구나.

거기만 아픈 거지 온몸이 다 잘못된 것은 아니란다.

네가 화가 나는 건 당연해.

아이에게 해서는 안 되는 말

그게 정말이니? 거짓말 아니니?

내가 반드시 복수하고 말 거야.

거기를 왜 갔니?

그 친구랑 놀지 말라고 그랬지?

좀 더 조심하지 그랬니?

내가 그런 사람을 조심하라고 그랬잖니?

아무나 따라가지 말라고 했잖니?

왜 진작 말하지 않았니?

그 얘기는 그만하자.

지금은 그만하고 나중에 말하자.

-서울해바라기센터(아동형)

부모님이 아이의 성폭력 피해를 인지했을 때는 즉시 1366, 112에 신고하세요. 그리고 가까운 해바라기센터를 방문해 성폭력 증거를 채취하고 의료적 지원을 받으세요. 해바라기센터는 성폭력 피해자, 성매매 피해자, 가정폭력 피해자를 위해 만들어진 기구로, 전국 곳곳에 위치해 있습니다. 24시간 의료적 지원은 물론이고 법적 지원까지 맡고 있습니다. 아직 신고는 망설여지신다면 성폭력상담소나 여성긴급전화에 연락해 상담을 받아 보세요. 성폭력상담소와 여성의전화, 그리고 전국 해바라기센터의 연락처는 책 맨 뒤에 정리해 놓았습니다.

또한 빠른 시간 안에 해야 할 일은 아이에게 질문을 해서 사실관계를 확인하는 것입니다. 가급적 이 과정을 녹음이나 영상으로 남겨 두시면 더욱 좋습니다. 이것은 향후에 있을 피해자 처벌과 법정 공방까지도 염두에 둔 것입니다.

이때 반드시 주의하셔야 할 점이 있어요. "그 아저씨가 그런 거지?" "아저씨 집이었지?" 하는 식의 유도 질문은 안 됩니다. 이런 질문은 부모님이 원하는 대답이 나오도록 몰아 간 것으로 해석되어서 나중에 법적으로도 불리하게 작용할 가능성이 크거든요. "누가 그랬어?" "거기가 어디였어?" "몇 시쯤이었어?" "어디를 만졌어?" 하는 식으로 '열린 질문'을 건네야 합니다. 특정인, 특정 시간, 특정 장소를 부모님이 먼저 언급하지 않고 아이가 생각해서 대답하게 해야 하는 겁니다. 그래서 아이가 대답을 하면 좀 더 자세하게 계속 질문을 하고요. "그 아저씨는 어떤 옷 입고 있었어? 기억나니?" "아, 파란색 바지라고? 어떤 파란색이었니? 청바지 색깔 같은 파란색?" 하는 식으로 질문을 확장해 나가면서 아이가 대답하게 하시면 됩니다.

물론 아이를 다그치는 식으로 질문하시는 것도 안 됩니다. 지금 아이는 정서적으로 굉장히 혼란스럽고 불안한 상태에 있다는 점을 염두에 두고 아이를 안심시키면서 차근차근 질문하셔야 합니다. 질문을 마친 다음에는 "힘들었을 텐데 말해 줘서 고마워." 라고 말해 주시는 것도 잊지 마시고요.

부모님이 이런 질문을 잘 못하겠다 싶으실 수도 있어요. 이런 상황이 되면 부모님 자신도 당황스럽고 너무 화가 나니까요. 그렇다면 너무 무리하게 하지 마세요. 그럴 때는 전문가를 찾으시면 됩니다. 이것 역시 해바라기센터의 도움을 받으시면 됩니다. 거주하시는 곳에서 가까운 해바라기 센터를 찾으시면 전문가가 아이에게 질문을 하면서 녹취와 녹화를 해 줄 겁니다.

질문하는 것만큼이나 중요한 것이 증거가 될 만한 물품들을 확보하는 것입니다. 아이가 입고 있었던 옷, 가해자의 지문이나 타액이 묻었을 만한 장난감 등을 모두 챙겨서 해바라기 센터로 가져가세요. 24시간 안에 가져가면 가장 좋고, 가급적이면 72시간은 넘기지 않도록 유의하세요. 요즘은 수사기술이 발달해서 예전보다는 시간이 많이 지났더라도 지문이나 타액을 확인할 수 있는 가능성이 커졌지만 그래도 빠르면 빠를수록 그 정확도가 올라갑니다. 아이의 몸에서도 가해자의 지문이나 타액이 나올 수 있으니 아이를 씻기지 말고 데려가세요.

그리고 CCTV를 확인하세요. 요즘은 워낙 곳곳에 CCTV가 많습니다. 그런데 녹화 영상의 보관 시간이 그리 길지 않다는 것이 문제입니다. 한 달 내지 두 달이면 삭제하는 곳이 많거든요. 그래서 최대한 서둘러서 CCTV 영상 확보를 요청하셔야 합니다.

당장 이사를 가려 하는 부모님들도 있는데 이것은 신중히 결정해야 하는 부분입니다. 특히 동네 사람에게 피해를 입은 경우 이곳을 떠나고 싶겠지만, 그러면 아이에게는 성폭력이 자신의 잘못인 것처럼 느껴지기도 합니다. 그러므로 아이와 충분히 상의한 후 결정을 내려야 합니다.

아들 성교육 41 수사와 재판을 준비할 때는?

법정까지 갈 것을 감안하면 변호사를 선임해야 합니다. 변호사라 하면 비용이 너무 많이 드는 것이 아닌가 걱정하시는데, 아동 성범죄의 경우에는 해바라기 센터를 통해 국선 변호사의 도움을 무료로 받을 수 있습니다. 법적인 부분은 일반인 입장에서는 애매하고 헷갈리는 점이 많기 때문에 꼭 변호사의 도움을 받으시는 것이 좋습니다.

네이버나 다음에서 검색해 보시면 한국성폭력위기센터에서 발표하는 '성폭력 걸림돌' '성폭력 디딤돌' 리스트를 찾으실 수 있습니다. 성폭력 디딤돌 리스트는 수사 및 재판 과정에서 성폭력 피해자의 인권을 위해 노력한 분들의 리스트이고, 성폭력 걸림돌 리스트는 반대로 2차 피해를 야기한 분들의 리스트입니다.

일반인들이 잘 모르는 사실이 있는데 경찰, 검사, 판사에 대해 기피 신청을 할 수 있습니다. 기피 신청을 하면 다른 담당자로 바꿀 수 있어요. 그러니 우리 아이를 담당하는 경찰, 검사, 판사가 성폭력 걸림돌 리스트에 있으면 기피 신청을 하세요. 이런 사람들이 하는 수사나 재판은 성폭력 피해자에게 불리하게 돌아가는 것은 물론이고 오히려 피해자에게 더 큰 상처를 남깁니다.

부모님이 사건을 빨리 마무리 짓기 위해 가해자로부터 합의금을 받고 넘어가는 경우도 왕왕 있더군요. 그런 부모님을 보며 아이는 어떤 기분일까요. 과연 부모님이 자신의 편이라고 생각할 수 있을까요. 아이의 고통은 여전한데 돈으로 해결하고 넘어가려는 것은 옳지 않습니다. 아이에게는 성폭력보다도 이 사실이 더 큰 상처로 남을 수 있습니다. 이런저런 상황상 어쩔 수 없이 합의금을 받았다면 적어도 그 돈을 아이의 심리 치료를 위해 쓰시면 좋겠습니다.

사실 성폭력 사건은 피해 자체도 큰 상처지만 그 이후의 과정이 더욱 큰 상처가 될 수 있습니다. 안타깝지만, 수사 과정에서 2차 피해가 자주 일어나는 것이 현실입니다. 따라서 이 과정에서 아이가 더 상처받지 않도록 부모님이 "네 탓이 아니다."라는 점을 자주 이야기해 주세요. 또한 "용기를 내서 말해 줘서 고마워."라는 칭찬도 자주 해 주세요.

아들 성교육 42 아이에게도 부모에게도 심리 치유가 필요합니다

부모님이 가장 걱정되는 부분은 성폭력으로 인해 아이가 보이는 불안 반응이 얼마나 오래 지속될까, 성폭력이 아이를 평생토록 힘들게 하면 어떡하나 하는 점일 거예요. 하지만 성폭력 피해는 치유될 수 있습니다. 적절한 심리 치유는 아이의 후유증을 최소화하고 '생존자'로서 정상적으로 살아갈 수 있도록 해 줍니다.

앞에서 말씀드린 해바라기 센터에서 아이의 심리 치료도 지원해 줍니다. 초등학교 저학년 이하의 아이에게는 놀이치료, 초등학교 고학년 이상의 아이에게는 상담치료가 주로 이루어집니다. 비슷한 경험을 가진 또래 아이 여러 명과 함께 집단치료가 이루어지기도 합니다. 우울 증세를 심하게 보일 때는 약물치료가 병행되는 경우도 있습니다.

아이에게 어떤 종류의 심리치료 프로그램이 필요한지는 센터에서 실시하는 심리평가와 전문가와의 상담을 통해 결정됩니다. 어떤 심리 치료를 받든, 그 과정에서 부모님이 인내와 지지가 필요합니다.

저는 부모님 역시 심리 치료를 받으시라고 권하고 싶습니다. 아이의 심리 치료에 동참하라는 것이 아니라 성폭력 피해 아동의 부모님을 대상으로 하는 심리 치료 프로그램을 따로 받으시라는 것입니다.

아이가 성폭력 피해를 입었을 때 죄책감에 빠지는 부모님들도 많습니다. "애를 더 잘 챙겼다면." "애를 거기 보내지 말걸." "그때 애를 혼자 두지 않았어야 했는데." "엄마인 내가 더 빨리 눈치채지 못하다니." 하고 스스로를 탓하지요. 하지만 성폭력이 아이의 잘못이 아니듯 부모님의 잘못도 아닙니다. 성폭력은 엄연히 가해자가 잘못해서 일어난 일입니다.

성폭력 후유증으로 힘들어하는 아이의 모습을 매일 대하다 보니 부모님 스스로 스트레스에 시달리고 심하면 우울증에 빠지기도 합니다. 하지만 아이를 위해서라도 부모님이 힘을 내고 중심을 잡으셔야 합니다. 부모님의 감정은 아이에게 그대로 전달되기 마련입니다. 스트레스가 혼자 감당하기 어려울 정도라면 반드시 부모님도 심리 치료를 받으십시오.

역시 해바라기 센터를 이용하시면 됩니다. 해바라기 센터에서는 부모님을 위한 심리치료 프로그램도 운영하고 있습니다. 해바라기 센터를 통해 같은 상황의 다른 부모님들과 모임을 가지시는 것도 도움이 될 겁니다.

아들 성교육 43 젠더폭력도 성폭력이에요

제가 앞에서 성교육은 젠더교육으로 범위를 넓혀야 한다고 말씀드렸지요. 같은 맥락에서, 성폭력을 넘어 이제는 젠더폭력에 주목해야 할 필요가 있습니다. 물론 아직 성폭력 문제도 미투 운동을 통해서야 대대적인 주목을 받고 있는 상황에서 젠더폭력까지 가는 것은 시기상조가 아니냐 하는 의견도 있더군요. 하지만 저는 성폭력은 결국 젠더폭력으로 시작되는 것이므로 젠더폭력에 대해서도 함께 이야기해야 한다고 생각합니다.

성폭력이 상대의 의사에 반하는 성적 행동을 가하는 것이라면, 젠더폭력은 젠더에 의한 차별과 불평등을 모두 아우릅니다.

저 자신을 예로 들어 볼게요. 제가 처음부터 성교육 강사였던 것이 아닙니다. 예전에 대기업에서 8년 동안 일했습니다. 그러다 잘렸어요. 왜냐고요? 결혼을 했기 때문에요. 결혼한 여자는 더 이상 여기서 일할 수 없다며 나가라고 하더군요. 남자도 결혼했다고 잘렸을까요? 아니죠. 남자는 결혼하면 더 열심히 일하라고 덕담을 들었습니다. 이런 것도 젠더폭력입니다.

요즘은 이 정도까지는 아니죠. 대놓고 결혼했으니 나가라는 회사는 많이 사라졌습니다. 그런데 우리나라 여자들이 아이를 기르다 보면 많이들 회사에서 나갑니다. 왜 그런 줄 잘 아실 거예요. 가사 노동과 양육의 대부분을 여자가 맡다 보니 지쳐서 포기하게 되는 겁니다. 노골적으로 나가라는 것이 아니라고 젠더폭력이 아닐까요? 이렇게 여자에게 일방적인 부담을 지우는 것 역시 젠더폭력입니다.

젠더폭력은 여자만 희생양으로 삼느냐, 절대 그렇지 않습니다. 남자들도 남자라는 이유로 힘든 상황들이 있어요. 아들에게 이런 말을 하는 부모님들이 많아요. "울지 마. 남자애가 왜 우니? 남자는 우는 거 아냐." 지금 이 아이는 남자라는 이유로 위로는커녕 감정을 차단하라는 요구를 받고 있는 거예요. 정말 부당한 일이 아닙니까. 이런 것도 당연히 젠더폭력이 포함됩니다. "너는 여자애니까" "너는 남자애니까" 이런 표현들이 모두 젠더폭력입니다.

성인이 되어서도 소위 여성적인 면을 많이 가지고 있는 남자는 젠더폭력의 대상이 되는 경우가 상당히 많습니다. 사회가 요구하는 남성성을 제대로 갖추지 않은 남자로 인식되기 때문입니다.

지금 정부에서는 젠더폭력방지법을 준비하고 있습니다. 그런 만큼 젠더폭력은 더욱 이슈가 되어야 합니다. 전에 모 야당 대표가 "젠더폭력? 트랜스젠더는 들어봤는데"라고 했다가 정치인이 그런 것도 모르냐 하고 망신살이 뻗친 일이 있었죠. 지금 이 책을 읽는 분들 중에도 젠더폭력이라는 말이 생소하게 느껴지신다면 그 개념을 꼭 기억해 주세요.

물론 젠더폭력방지법은 어디까지나 법인 만큼 그 대상이 되는 행위의 범위가 아주 넓지는 않을 거예요. 부모님이 "남자애는 그러면 안 돼." 하는 것까지 처벌하지는 않는다는 것이죠. 하지만 그래도 젠더폭력방지법의 제정이 젠더폭력에 대한 경각심을 일깨워 주는 중요한 계기가 될 것으로 기대합니다.

5부

사춘기 남자아이들은 성에 대해 어떤 질문을 할까?

– 사춘기 남자아이들의 22가지 질문들

"제가 어떤 식으로 답변해 주었는지 하나하나 읽어 보시면서 부모님들이 이 시기 아이들의 마음을 이해해 보시기를 바랍니다. 또한 저의 답변을 단 하나의 모범 답변으로 보시기보다는 일종의 가이드라인 정도로 해석하시고 부모님이라면 어떻게 답변하실지 스스로 생각해 보시는 것도 도움이 될 것입니다."

당황하지 않고 웃으면서

아들 성교육 하는법

질문 1 사춘기 아이들이 질문을 해올 때

저는 그동안 성교육 강사로 활동하면서 많은 사춘기 남자아이들을 만나 이야기를 나누었습니다. 5부에는 제가 지금까지 사춘기 남자아이들에게서 받았던 질문들 중 대표적인 것들을 모아 놓았습니다. 지금 대한민국에서 살아가는 사춘기 남자아이들이 성에 대해 평소 가장 알고 싶어 하는 점들이라고 볼 수 있을 겁니다.

사춘기 남자아이들이 성에 대해 어떤 질문을 하는지 이렇게 따로 모아 놓은 것은, 그만큼 사춘기 시기에는 아이들이 더 구체적인 내용, 더 과감한 부분까지 궁금해하기 때문입니다. 아이들도 스스로 그런 점을 의식하기 때문에 차마 부모님에게는 묻지 못하고 친구들끼리 또는 인터넷으로 알음알음 정보를 나누는 경우가 대부분입니다. 그나마 제게 이런 질문들을 한 것은 성교육 강사라는 저의 위치 때문이었겠지요.

저는 사춘기 남자아이들이 이런 질문들을 누구보다도 부모님에게 할 수 있는 분위기가 만들어지기를 희망합니다. 물론 그러기 위해서는 느닷없이 이런 주제가 튀어나오는 것이 아니라 어려서부터 아이가 자신의 생각과 일상을 부모님에게 스스럼없이 이야기할 수 있는 환경을 부모님들이 만들어 주셔야 할 것입니다. 또 인간은 날때부터 성적인 존재인 만큼 아이들 또한 마찬가지로 성적인 존재라는 점을 인정해 주셔야 합니다.

지금부터 사춘기 남자아이들이 어떤 질문을 했는지, 그리고 그에 대해 제가 어떤 식으로 답변해 주었는지 하나하나 읽어 보시면서 부모님들이 이 시기 아이들의 마음을 이해해 보시기를 바랍니다. 또한 저의 답변을 단 하나의 모범 답변으로 보시기보다는 일종의 가이드라인 정도로 해석하시고 부모님이라면 어떻게 답변하실지 스스로 생각해 보시는 것도 도움이 될 것입니다. 질문에 따라 답변 내용이 앞의 1, 2, 3부의 내용과 다소 겹치는 부분도 있습니다만, 아이들을 대할 때 이렇게 설명했다는 정도로 참고 삼아 다시 한 번 읽어 주시면 좋겠습니다.

질문 2 성적인 상상을 너무 자주 하는데 자제해야 하나요?

이런 질문을 한다는 것은 일단 성적인 상상을 하는 것에 대해 스스로 죄책감을 느끼고 있다는 거잖아요. 그런데 그 성적인 상상이 구체적으로 어떤 것인지 물어보면 아이들마다 천차만별이에요.

어떤 아이는 고등학생인데, 같은 반 여자아이를 좋아하고 있대요. 자기 눈에는 너무 예쁘게 보인대요. 그런데 그 여자아이와 손을 잡는 상상을 하면 그 상상만으로도 막 발기가 된다는 거예요. 알고 보니까 이 아이는 너무도 독실한 개신교 신자라서 성에 대해 스스로 억누르는 마음이 있더라고요. 그렇다 보니까 그 정도 상상만으로도 몸이 흥분하고 자책하게 되었던 겁니다.

이런 경우에 저는 아이를 안심시켜 줬어요. 그 정도는 괜찮다고요. 학교에서 발기가 된다면 난감할 수 있으니까 그런 경우에는 자제를 해야겠지만 그런 상상을 가지고 죄책감을 느낄 필요까지는 없다는 거죠.

그런데 어른인 제가 들어도 어떻게 저런 것까지 상상하게 되었을까 싶을 정도로 너무도 폭력적이고 가학적인 상상을 하는 아이들이 있어요. 이런 경우는 그런 장면이 들어가 있는 야동이나 만화, 게임 등의 영향인 경우가 대부분이에요.

저는 "그건 나쁜 거야. 절대 하지 마."라고 단박에 말하기보다는 질문과 대답을 통해서 아이가 스스로 판단을 내리도록 이끌어 냅니다. 이런 상상을 하며 불편함을 느낀다는 것은 그런 폭력적이고 가학적인 면을 스스로도 이미 충분히 인지하고 있다는 뜻이거든요. 더구나 그런 것에 대해 자제해야 하는지 어른에게 물었다는 것은 '자제하고 싶다'라는 의지가 포함된 것이기도 하고요.

제가 "그 상상을 자제하려는 이유가 뭔데?" 하고 물어보면 많이들 하는 대답이 "제가 너무 더러워요."예요. 그러면 저는 "자제하려고 해 봤니?" "자제하기 위해 어떤 방법을 써 봤니?" "자꾸 부추기는 친구가 있니?" 하는 식으로 계속 질문을 합니다. 그렇게 대답해 나가다 보면 아이가 스스로 답을 찾게 됩니다.

질문 3 연애는 많이 하는 게 좋나요?

이건 사람마다 가치관이 다를 수도 있을 텐데요, 저는 아이들에게 연애는 많이 하느냐 적게 하느냐는 그리 중요한 것이 아니라고 말합니다. 연애의 횟수를 따지는 것보다는 자신을 성장하게 하는 연애를 하는 것이 중요하다고 말하지요.

그러기 위해서는 자신이 아프지 않을 정도로 연애하는 것이 중요하다고 강조합니다. 보통은 연애하면 아픈 것이 당연하다고 하잖아요. 하지만 저는 아프더라도 스스로 감당할 수 있을 정도까지만 아파야 한다고 생각합니다. 그렇다고 연애를 할 때 자기만 챙기라거나 상대를 무시해도 된다는 뜻이 결코 아닙니다. 다만, 연애를 할 때 자신이 감당할 수 있는 것 이상으로 아프게 되면 그 연애는 자신을 성장하게 하는 연애가 아니라 자신을 파괴

하는 연애라는 뜻입니다.

그렇다고 연애를 시작하기 전부터 겁먹어서 이것저것 따지다가 연애 자체를 포기할 필요는 없어요. 연애는 변할 수 있는 거예요. 처음에는 그저 그랬다가도 둘이 함께 노력하다 보면 서로가 서로를 성장시키는 관계로 변할 수 있습니다. 그게 연애의 노하우죠.

처음부터 자신을 성장하게 하는 연애를 하기는 쉽지 않을 거예요. 그래서 상대와의 소통이 중요합니다. 서로 소통하면서 수시로 우리가 어떤 연애를 하고 있는지, 더 나은 연애를 위해 충분히 노력하고 있는지, 앞으로 어떤 노력이 필요한지 체크해 봐야죠.

특히 남자아이들은 연애 이전에는 우리 사회의 젠더 구조나 여성 차별에 대해 피상적으로 인식하거나 실감을 못하다가 연애를 통해 비로소 깨닫게 되는 경우가 많습니다. 왜냐면 사랑하는 사람과의 소통은 가족과의 소통이나 친구와의 소통보다 훨씬 내면 깊숙이 들어가게 되거든요.

제가 추천하는 한 가지 방법이 있습니다. '연애 성적표'를 만드는 것이에요. 시험 보고 나면 과목별로 성적표가 나오잖아요. 그런 식으로 자신이 지금 하고 있는 연애에 대해서도 성적표를 만드는 것이죠. 항목은 자신이 원하는 대로 정하면 돼요. 얼마나 자주 만났나, 얼마나 대화를 했나, 고민을 잘 들어 주었나 등등이 될 수 있을 거예요. 1년이 12개월이니까, 제 생각에는 대략 2개월씩 해서 1년에 6번씩 점수를 매기는 식으로요. 점수는 올라갔다 내려갔다 할 수 있을 거예요. 점수는 주관적으로 매기면 됩니다. '얼마나 자주 만났나'라는 항목에 대해 '매일 만났지. 그런데 만난 지 10분 만에 헤어지곤 했어.'라고 불만족스러운 생각이 들면 10점만 주면 되겠죠.

이 연애 성적표에서는 연애를 얼마나 많이 했는지 기록하는 게 중요한 게 아니에요. 나의 연대 상대에게 점수를 매기는 것도 아니에요. 시험 성적표도 이 학생의 학업 능력이 지금 어느 단계인가를 보여 주는 것과 마찬가지로 연애 성적표는 '지금 내가 어떤 연애를 하고 있나', '내가 정말 좋은 연애를 하고 있나' 생각해 보는 도구라고 할 수 있습니다. 또 '나는 연애에서 이런 점을 중요시하는데, 상대방은 저런 점을 중요시하는구나' 하고 서로의 취향과 태도를 비교해 보고 조율해 보는 도구라고도 할 수 있고요.

연애 성적표를 만들어 보라고 하면 아이들이 굉장히 재미있어 합니다. 스스로 항목을 만들고 점수를 매기다 보면 이 연애가 자신을 성장시키는 연애인지 아이들이 판단하곤 해요. '아, 내가 이런 점 때문에 자꾸 헤어졌구나. 이런 점은 내가 고쳐야겠네.' 하고 스스로를 돌아보기도 하고요.

아직 연애를 해 보지 않은 아이에게는 친구 관계로 대신 만들어 보라고 해도 좋아요. 연애를 많이 하는 아이들은 자꾸 하는 반면 모태솔로인 아이들도 굉장히 많아요. 또 연애 감정 없이 그냥 섹스만 하는 아이들도 있어요. 이런 아이들은 친구 관계로 대신 성적표를 만들어 보고 그 과정을 통해서 자신의 연애를 구체적으로 시뮬레이션해 보는 것이 도움이 됩니다.

질문 4 여친이랑 있을 때 발기되면 어떡하죠?

여자 친구와 있을 때 발기가 되면 양쪽 모두 난감할 거예요. 사실 발기란 것은 꼭 성적 의도를 가지고 있지 않아도 일어날 수 있는 건데 말이에요. 물론 그냥 같이 있기만 해도 성적으로 흥분되어서 발기가 될 수도 있기도 하죠.

여자 친구가 발기에 대해 잘 모르기 때문에 부정적인 생각을 가지고 있을 수 있어요. 그렇다면 남자 친구가 잘 설명해서 여자 친구의 오해를 풀어 주고 안심시켜 주면 됩니다. 발기가 된 것이 어떤 의도가 있어서가 아니라는 점을 설명해야겠죠. 당황하지 말고 담담하게 있는 그대로 이야기하면 됩니다. 꼭 성관계까지 가지 않더라도 여자 친구는 남자 친구의 몸에 대해, 남자 친구는 여자 친구의 몸에 대해 이해할 필요가 있어요.

문제가 되는 것은 이런 경우입니다. 발기가 되었다는 사실 자체를 스킨십을 요구하는 무기로 이용하는 남자아이들이 있어요. "발기됐을 때는 꼭 사정을 시켜 줘야 하는 거야. 사정 안 시키면 병이 나. 네가 도와줘."라고 거짓말까지 해 가면서 여자아이에게 압박을 가하는 겁니다. 남자아이는 몸의 주인인 내가 발기를 조절해야 하는데 발기가 나를 움직이게 하는 꼴이지요. 이렇게 해서 스킨십을 하는 것은 명백한 성폭력이에요.

내 몸의 주체는 나 자신이잖아요. 발기가 주체가 되는 것이 아니잖아요. 자신이 발기에 적절히 대처하면 되는 것이지, 발기에 나 자신을 맞춰야 하는 것이 아니라는 말입니다. 그건 몸의 노예가 되는 것입니다. 몸의 노예가 되지 말고 몸의 똑똑한 주인이 됩시다.

질문 5 자위를 많이 하면 몸에 이상이 생기나요?

자위를 많이 하면 키가 안 크는 것이 아닐까 또는 성기 모양이 이상해지는 것은 아닐까 걱정하는 아이들이 있어요. 결론부터 말하면, 자위를 많이 한다고 해서 몸의 특정 부위의 모양이 달라진다거나 몸에 특별한 이상이 생기는 것은 아닙니다.

사람이 키가 크는 데 가장 큰 영향을 미치는 것은 유전자, 영양, 그리고 잠이에요. 유전자야 자신이 어쩔 수 없는 부분이고, 만약 자위를 너무 많이 하느라 식음을 전폐한다거나 잠도 자지 않는다거나 하면 키가 크는 데도 악영향이 있을 수 있겠죠. 하지만 대부분 자위를 많이 한다 해도 그 정도까지 가지는 않잖아요. 그러니까 키에 그렇게 영향을 미치지 않습니다. 키 크고 싶으면 잘 먹고 잘 자면 됩니다.

사춘기 시기에는 몸이 전반적으로 쑥 성장하잖아요. 키도 쑥 크고요. 그만큼 성기도 커지게 되죠. 그런데 이것을 '아, 내가 자위를 많이 하니까 성기가 커지는구나.'라고 해석하는 아이들이 있어요. 자위와 성기 크기는 전혀 상관이 없습니다. 자위를 마친 이후에 성기는 원래 크기로 고스란히 돌아갑니다.

다만 발기에는 후천적인 노력이 영향을 미칠 수 있어요. 발기라는 것은 피가 몰려서 일어나는 현상이잖아요. 혈액 순환이 잘 안 되는 사람은 발기가 잘 안 된다거나 발기가 되더라도 강직도가 약하다거나 할 수 있어요. 그래서 담배를 피면 혈관 건강에 안 좋기 때문에 발기에도 안 좋은 영향을 주고, 반대로 운동을 열심히 하면 혈관 건강에도 좋기 때문에 발기에도 좋은 영향을 줄 수 있습니다.

질문 6 여자는 성경험이 많으면 성기나 유두 색깔이 변하나요?

이것도 결론부터 말하자면, 몸에서 특정 부위의 색깔은 성경험의 유무 또는 성경험의 많고 적음과 전혀 관련이 없습니다. 이건 여자든 남자든 마찬가지예요. 몸의 색깔은 유전에 의해 결정되는 거예요.

임신을 하면 유두 색깔에 영향을 줄 수도 있어요. 임신하면 나오는 호르몬이 그런 작용을 하거든요. 하지만 이것보다 유전의 영향이 훨씬 크기 때문에 유두 색깔이 짙다고 임신 경험이 있다고 판단 내릴 수는 없습니다. 옅은 색 피부를 타고난 사람은 임신 이후에도 유두 색깔이 옅은 경우가 많고, 짙은 색 피부를 타고난 사람은 임신한 적이 없더라도 유두 색깔이 짙은 경우가 많습니다.

그런데도 성경험이 없는 여자는 유두와 성기가 분홍색인데 성경험이 많은 여자는 짙은 갈색이다 하는 잘못된 정보를 믿는 아이들이 많아요. 이런 잘못된 정보가 계속 유통되고 있는 데는 성경험이 없는 여자, 최소한 성경험이 적은 여자를 만나고 싶다는 심리가 깔려 있습니다. 남자아이들이 이런 심리를 가지게 되는 것은 올바른 젠더교육을 받지 못해서 젠더감수성이 부족하기 때문이죠. 그만큼 젠더교육이 중요한 겁니다.

질문 7 운동을 하면 성기가 더 커질까요?

성기의 크기를 키워 주는 효과가 입증된 운동은 지금까지 없습니다. 세간에 암암리에 '성기 커지는 운동법'이라고 여겨지는 운동들은 하나같이 비과학적인 것들입니다.

성기의 크기에 가장 큰 영향을 끼치는 것은 부모님으로부터 물려받은 유전자입니다. 키나 몸매도 유전자에 의해 대부분 결정되듯이, 성기의 크기도 마찬가지입니다. 즉, 타고나는 것이라는 뜻이죠.

운동이 성기의 크기에 영향을 주는 경우가 있긴 있습니다. 청소년 시기에 지나치게 비만인 아이는 남성 호르몬 분비가 제대로 되지 않을 수 있습니다. 그러면 2차 성징에 이상이 생기게 되고 성기 크기도 정상적으로 자라지 않게 됩니다. 이런 아이는 운동을 열심히 해서 비만 상태를 해결해야 성기도 커질 수 있겠지요. 하지만 이것은 성기의 성장에 이상이 있을 경우를 정상으로 돌리는 것이지, 이미 정상적으로 성장한 성기를 그 이상으로 더 성장시키는 것은 아닙니다.

제가 아이들에게 "왜 성기가 커졌으면 좋겠니?" 하고 되물어 보면 "크면 클수록 좋잖아요."라든가 "커야 여자들이 좋아하잖아요."라는 대답이 돌아오곤 합니다. 정말 그럴까요?

성기가 지나치게 크면 삽입 성교를 할 때 여성에 따라 질에 아픔을 느끼기도 하고 질에 상처를 입기도 합니다. 또한 2차 성징이 정상적으로 이루어졌다면 성기의 크기가 작아서 성관계에 지장이 생기지는 않습니다. 여성의 성기 구조와 성감대 위치를 살펴보면 성기의 크기 자체보다 어떻게 애무를 할 것인가가 여성의 성적 만족에 더 큰 영향을 미친다는 사실을 알 수 있습니다. 성기의 크기를 걱정하기보다 여성과 어떻게 잘 소통할 것인가 고민하는 것이 더 즐거운 성관계를 하게 만들어 줍니다.

질문 8 성기 모양이 이상한 것 같은데 수술받아야 하나요?

성기의 모양은 사람마다 조금씩 다릅니다. 한쪽으로 조금 휘어져 있는 성기를 가진 사람도 많지요. 하지만 수술이 필요한 정도로 모양이 비정상적인 성기는 거의 없습니다. 그런 경우는 정말 소수에 불과해요.

그런데 이런 질문을 한다는 것은 성기 때문에 자존감이 상당히 떨어진 상태라는 뜻이거든요. 이렇게 된 데는 외부적인 요인이 영향을 미쳤을 수 있어요. 화장실이나 목욕탕에서 친구에게 놀림을 받았다든지, 야동에 등장하는 남자 배우들의 성기와 비교해 보았다든지, 또는 여자 친구가 성관계를 하는 도중에 놀렸을 수도 있고요. 그런 일이 계기가 되어 자신의 성기에 문제가 있다고 여기게 된 것이죠. 저는 일단, 그렇게 이야기하는 이가 있다면 결코 좋은 사람이 아니라고 말하고 싶고요, 야동 속의 남자 배우는 어디까지나 배우일 뿐이라는 점도 말하고 싶어요.

혹시나 성기 모양 때문에 성관계를 가질 때 불편할까 걱정될 수도 있어요. 그런데 사실 남자의 성기도 제각각 조금씩 다르고, 여자의 성기도 제각각 조금씩 다르잖아요. 어차피 모든 여자의 성기에 딱 적합한 이상적인 성기란 존재할 수 없을뿐더러, 두 사람의 성기가 처음부터 서로 딱 맞기도 힘들어요. 대화를 하면서 맞춰 가야 하는 것이죠.

제가 사춘기 아이들을 대상으로 성교육을 할 때 종종 했던 것이 있어요. 자신의 성기 그려 보기예요. 그러려면 자신의 성기를 쳐다보면서 자세히 관찰해 봐야 하잖아요. 그 과정에서 자신의 몸을 긍정하고 소중히 여기게 됩니다.

질문 9 성적 취향이 남들과 다른 것 같은데 이상한 건가요?

이 질문에 놀라셨다고요? 말씀드린 대로 사춘기 아이들도 엄연한 성적 존재인 만큼 이런 고민을 하는 경우도 더러 있습니다.

이런 질문을 받으면 일단 그 아이가 어떤 종류의 성적 취향을 가지고 있는지 물어봅니다. 아이들이 털어놓는 성적 취향을 들어보면 다양해요. 옷을 입은 채 망사 스타킹을 찢는 것이 좋다는 아이도 있고, 눈을 가린 채 만지는 것이 좋다는 아이도 있고, 성기 외의 특정 부위에 페티쉬를 가진 아이도 있고요.

혼자 그런 취향을 가지고 있다는 것은 별로 문제가 안 돼요. 취향은 얼마든지 특이할 수도 있는 거예요.

문제가 되는 경우는, 자신의 취향을 상대에게 요구할 때예요.

이때도 상대가 취향을 받아 준다거나 상대 역시 같은 취향을 가지고 있다면 괜찮겠죠. 하지만 상대가 동의하지 않는데 자꾸 요구하는 것은 문제입니다. 억지로 하면 범죄가 될 수도 있고요. 상대가 동의하지 않을 때는 포기하든지, 아니면 아예 같은 취향을 가진 사람을 사귀든지 해야죠.

제가 강조하고 싶은 점은, 성적 취향은 성관계를 할 때가 아니라 성관계를 하기 전에 미리 맞추어 보라는 것입니다. '성 토크'라고나 할까요. 성 토크를 해서 서로의 성적 취향에 대해 소통해 보고 받아들일 부분은 받아들이고 거절할 부분은 거절하고, 그렇게 해서 서로 합의를 한 다음에 성관계를 하라는 것이에요.

본인이 상대의 성적 취향을 어디까지 받아 줄 수 있느냐도 미리 생각해 보아야 해요. 이때 '여자가 어떻게 저런 걸 원하나.' 이런 생각을 하지 말고 열린 마음을 가지는 것이 중요해요. 남다른 성적 취향을 가졌다고 해서 상대를 변태로 몰지는 않았으면 좋겠어요. 다양성을 인정하자는 것이죠.

성 토크를 잘하면 서로의 성적 취향을 좀 더 잘 받아들이게 되고, 그 과정에서 자신도 몰랐던 자신의 새로운 성적 취향을 발견하기도 합니다. 그러니 처음부터 성적 취향이 꼭 맞는 사람을 찾기보다는 성 토크를 잘 나눌 수 있는 사람이 중요합니다.

질문10 몇 살 때부터 섹스를 해도 되나요?

무슨 선거 가능 연령처럼 몇 살을 기준으로 이때부터 모든 사람이 성관계가 가능하다 이런 건 아니라고 봅니다. 제가 제시하는 기준은 책임을 질 수 있는 나이, 즉 성적자기결정권을 충분히 행사할 수 있는 나이입니다. 그리고 성관계는 혼자 하는 것이 아닌 만큼 두 사람 모두 이런 기준을 충족한 상태에서 서로 동의해야 하겠지요.

그런데 동의를 했다고 '자, 그럼 섹스 시작!' 이런 것이 아닙니다. 미리 여러 가지를 조율하고 준비해야 하겠지요. 이때 서로 준비해야 하는 사항이 꽤 여러 가지입니다.

일단 장소와 시간에 대한 준비입니다. 두 사람만 안전하게 시간을 보낼 수 있는 장소와 시간을 골라야겠지요. 그렇게 해서 미리 '디데이'를 잡아 두는 것이 좋습니다.

특히 처음 성관계를 하는 경우에는 특별한 판타지를 가지고 있을 수 있어요. 예를 들어, 근사한 호텔에서 촛불을 켜 놓고 싶다거나 속옷은 꼭 어떤 브랜드를 입고 싶다거나 하는 것처럼요. 그런 판타지가 있다면 꼭 실현할 수 있도록 함께 노력해야 합니다. 그것을 함께 준비하는 과정이 더 로맨틱하고 즐거울 수도 있습니다.

그다음으로, 피임에 대한 준비가 있습니다. 여러 피임 방법에 대해 알아봐야 하는 것은 너무도 당연하고요, 혹시라도 임신하게 될 경우에는 어떻게 할 것인지까지도 미리 생각해 보아야 합니다.

이런 것들이 함께 준비되었다면 그때 비로소 성관계가 가능하다 하고 설명하면 많은 아이가 "아휴, 그럼 언제 해요. 평생 못하겠네."라고 한숨을 쉽니다. 그만큼 성관계는 특정 나이가 되었다고 해서 막 할 수 있는 것이 아니라 여러 가지로 많은 준비가 필요하다는 겁니다. 이런 준비가 되지 않았다면 아무리 성인이라도 성관계를 가지면 안 됩니다. 그래서 저도 한숨 쉬는 아이들에게 이렇게 말하곤 합니다. "빨리 한다고 좋은 게 아냐. 준비가 안 됐으면 늦게 할수록 좋아. 빨리 하고 싶으면 성에 대해 열심히 공부해."

질문 11 콘돔을 항상 가지고 다니는 게 좋을까요?

부모님 세대와는 다르게 콘돔을 항상 가지고 다니는 아이들도 있습니다. 그러니 이 콘돔에 대한 교육은 꼭 이루어져야 하는 성교육 중 하나입니다.

저는 콘돔을 항상 가지고 다니는 것이 필수는 아니라고 봐요. 콘돔을 항상 가지고 있다는 것은 즉흥적인 성관계에 대비한다는 함의를 가지고 있잖아요. 그런데 저는 성관계는 미리 준비해서 하라는 입장이거든요. 그렇다고 콘돔을 항상 가지고 다니는 것이 나쁘다는 뜻은 아닙니다. 가지고 다녀도 좋아요. 다만, 콘돔을 지갑 안에 넣고 다니는 것에 대해서는 만류하고 싶습니다.

콘돔은 보관을 잘해야 합니다. 조금이라도 손상이 생긴 콘돔은 절대 쓰면 안 되기 때문입니다. 그런데 콘돔을 온도가 높은 곳에

두면 라텍스가 녹아서 콘돔의 역할을 충실히 할 수 없습니다. 그래서 콘돔 포장지에도 30도 이하에 실온 보관이라고 쓰여 있습니다.

남자들은 지갑을 대개 뒷주머니에 찔러 넣고 다니지요. 사람 몸의 온도는 36.6도입니다. 안 그래도 지갑 안은 온도가 더 높을 수 있는데 사람 몸에 가까이 있으면 온도는 더 올라갑니다. 지갑 안에 있는 콘돔은 손상이 생길 가능성이 그만큼 높은 것입니다.

더구나 지갑에 콘돔을 넣어 가지고 다니게 되면, 이래저래 콘돔 포장지가 닳게 되고 동전이나 열쇠 같은 것에 찔릴 수도 있습니다. 그렇게 되면 콘돔의 얇은 재질에 손상이 가서 콘돔이 쉽게 찢어질 수 있습니다.

콘돔의 제1의 목적이 피임이라는 점을 생각해 보면, 그건 무척이나 위험한 일입니다. 콘돔은 행여 모를 불상사를 막자는 것이잖아요. 그 불상사를 위한 보험 같은 콘돔을 함부로 대해서는 안 됩니다. 드문 일이지만, 이런 일 때문에 원치 않는 임신이 되는 경우도 분명 있습니다.

그래서 저는 콘돔을 항상 가지고 다니고 싶으면 따로 콘돔용 손가방이나 콘돔용 지갑을 장만하라고 권하곤 합니다. 인터넷 쇼핑몰에서 찾아보면 콘돔 전용으로 나와 있는 케이스를 찾으실 수 있을 겁니다. 그리고 그것을 바지 뒷주머니가 아니라 가방 안에 따로 넣고 다녀야 하겠죠.

예전에 지갑에 콘돔을 가지고 다니면 돈이 들어온다는 믿음이 한창 퍼진 적이 있는데, 그런 믿음을 아직도 가지고 있는 아이들도 있더군요. 실제로는 돈이 들어오는 게 아니라 낙태비가 안 나가는 것이겠죠. 하여튼 기왕 가지고 다니려면 지갑 안은 피하라는 점을 꼭 강조하고 싶습니다.

질문12 콘돔 말고 다른 피임법을 쓰면 안 되나요?

콘돔이 유일한 피임법은 아니죠. 피임을 하는 방법은 콘돔을 쓰는 것 외에도 여러 가지가 있습니다.

우선, 여성이 복용하는 경구피임약이 있습니다. 사전피임약이라고도 합니다. 몸속의 호르몬을 조절해서 난자의 배란을 억제하는 원리입니다. 생리하는 날을 따져 가며 매일 복용했다가 며칠 쉬었다가 다시 복용했다가를 반복해야 합니다. 성관계 직전에 복용을 시작하는 것은 효과가 없습니다. 처방전 없이 약국에서 쉽게 살 수 있는 일반의약품입니다.

사후피임약은 성관계 직후에 복용하는 피임약입니다. 수정된 난자가 자궁에 착상하는 것을 막는 원리입니다. 의사의 처방전이 있어야 살 수 있는 전문의약품입니다.

자궁내장치는 여성의 자궁에 넣는 기구입니다. 루프라고도 합니다. T자형으로 되어 있고 구리나 플라스틱 등으로 만들어집니다. 정자가 나팔관에 닿지 못하게 수정을 방해하는 원리입니다. 스스로 넣을 수는 없고 산부인과에서 시술을 받아야 합니다.

페미돔은 일반적인 콘돔과 달리 여성이 착용하는 것입니다. 모양은 남성용 콘돔과 비슷한데 크기가 더 큽니다. 아직 우리나라에서는 판매되고 있지 않습니다.

이렇게 콘돔 외에 여러 방법이 있는데도 콘돔이 피임법으로서 가장 널리 권장되는 이유가 있습니다. 다른 방법들은 사용 방법이 복잡하고 비용도 더 들거니와, 자칫 여성의 몸에 부작용을 일으킬 수도 있습니다. 그에 비해 콘돔은 간편하고 부작용도 없지요. 구하기도 쉽고요. 담배나 술과 달리 콘돔은 청소년도 자유롭게 살 수 있는 물품입니다.

콘돔은 피임 성공률이 떨어진다는 주장도 있는데, 이런 경우는 콘돔의 사용법을 정확하게 지키지 않았기 때문입니다. 발기하기 전에 콘돔을 착용한다든가, 한번 사용한 콘돔을 다시 사용한다든가, 사정한 후에 바로 콘돔을 빼지 않는다든가 하는 경우들이지요. 콘돔은 정확히만 사용하면 피임 성공률이 가장 높습니다.

그런데 성감이 떨어진다는 이유로 콘돔 착용을 기피하는 남자들도 있어요. 콘돔을 착용하지 않고 하니까 여자도 더 좋아하더라는 이유를 대기도 합니다. 다 핑계입니다. 임신의 불안감을 안고 하는 성관계가 과연 얼마나 즐거울 수 있을까요? 이 점을 외면한다면 그 남자는 임신에 대한 책임을 여자에게 일방적으로 떠넘기고 있는 것이나 마찬가지입니다. 성관계를 원한다면 다른 무엇보다도 콘돔을 먼저 준비할 줄 알아야 합니다.

질문13 질내 사정만 안 하면 임신이 안 되지 않나요?

질외 사정이 질내 사정보다 임신 확률이 떨어지기는 하겠죠. 그렇다 보니 주변에서 또는 인터넷에서 '굳이 콘돔을 낄 필요 없더라. 질외 사정을 하면 임신이 안 되더라.' 하는 무용담(?)을 접하고 질내 사정만 안 하면 되는 것으로 오해하는 아이들이 꽤 많습니다.

하지만 임신은 단 한 번의 성공도 너무나 큰 결과를 불러오지 않습니까. 실제로 질외 사정을 했는데 임신을 하게 되었다며 당황해하는 사춘기 아이들의 상담을 받은 적이 있습니다. 그런 점에서 질외 사정은 차마 피임법이라고 이름 붙일 수조차 없습니다. 바로 쿠퍼액 때문입니다. 쿠퍼씨액이라고도 하죠.

쿠퍼액은 미국의 쿠퍼라는 사람이 발견해서 이러한 이름이 붙었습니다. 한마디로, 남성의 성기에서 나오는 일종의 윤활유가 쿠퍼액이라고 할 수 있습니다. 남성이 성적으로 흥분을 했을 때 맑은 액체 같은 소량의 액이 나옵니다. 특히 자위를 할 때 맑은 물이 나오는 것을 종종 볼 수 있을 텐데 이것이 쿠퍼액입니다.

이 쿠퍼액은 중요한 역할을 합니다. 성관계를 가질 때 윤활유가 되는 것 외에도, 음경에 있는 소변과 정자의 정관의 길을 소독해 주어 많은 정자를 살게 합니다. 정자가 나가는 길을 부드럽게 해 주는 일도 하고요.

그런데 쿠퍼액에도 튼튼한 정자가 100~300개 정도 들어 있습니다. 이 개수 자체는 적은 편이긴 하지만 활동성이 강하고 더욱 더 건강한 정자라는 점을 명심해야 합니다. 임신 가능성을 배재할 수는 없는 것입니다.

따라서 여성의 질에 삽입하다가 중간에 콘돔을 착용하는 것도 위험합니다. 콘돔을 착용하기 전에 이미 쿠퍼액이 나오니까요. 삽입하기 전에 반드시 콘돔을 착용해야 안전한 피임법입니다.

질외사정 같은 불완전한 피임법에 의존하면 성관계 자체가 불안하고 힘듭니다. 특히 여성 입장에서는 임신에 대한 공포 때문에 성관계를 하는 도중에도, 성관계 이후에도 불안에 시달려야 합니다. 콘돔으로 인해 성감이 조금 달라지는 것을 신경 쓰기보다, 안전한 피임법만이 서로 책임지는 성관계를 만들 수 있다는 점을 꼭 기억해야 합니다.

질문14 야동을 끊을 수가 없는데 어떡하죠?

사실 성인들도 야동을 많이 보잖아요. 그리고 야동을 본다고 다 성범죄자가 되느냐, 그런 것도 아니에요. 저는 야동을 보는 것 자체보다도 어떤 야동을 보는가, 그리고 야동을 본 후에 어떤 행동을 하는가에 주목해야 한다고 봐요.

야동 중에서도 범죄와 관련된 야동이 있어요. 개인이 살포한 몰카 같은 것은 당연히 범죄이고요, 제작 자체는 합법적으로 이루어졌다 하더라도 그 안에 성폭력을 담고 있는 야동이 너무 많습니다. 여자가 옷 갈아입는 것을 훔쳐본다든가, 여자가 싫다는데도 억지로 성관계를 갖는다든가 이런 장면들 모두 엄연히 범죄거든요. 그런데도 야동 안에서는 그런 장면이 마치 자연스러운 것처럼 묘사되죠.

또한 야동에서 본 행동을 실천하고 싶은 충동이 자꾸만 든다, 나도 모르게 그 행동을 하려고 한다, 그러니까 예를 들어 나도 여자 화장실에 들어가서 몰카를 찍고 싶은 마음이 든다, 이러면 꼭 전문가의 상담을 받으라고 말해 주고 싶어요. 관련 단체나 정신과를 찾아갈 수 있도록요. 이것은 굉장히 위험한 신호거든요. 야동의 영향을 받아서 범죄자가 되는 단계에 접어든 셈이라고 할 수 있어요. 야동을 본다고 다 성범죄자가 되는 것은 아니지만 성범죄자들은 백이면 백 모두 야동을 봤습니다. 그러니 더 늦기 전에 꼭 전문가의 도움을 받아야 합니다.

이런 경우가 아니라면 아이가 심한 죄책감까지 느낄 필요는 없겠지만, 그럼에도 야동을 끊고 싶다는 것은 야동 때문에 일상에 지장이 있다고 생각하기 때문일 거예요. 실제로 아이들과 이야기해 보면 이런 생각을 가지고 있는 아이들이 무척 많아요. 저는 일단 야동을 끊으려는 시도를 한다는 것 자체를 칭찬을 해 줘요. 그리고 왜 끊으려 하는지, 끊기 위해 어떤 행동을 하는지 질문해 나가면서 아이 스스로 방법을 찾아보게 유도하지요.

아이들이 직접 이야기했던 방법들을 몇 가지 소개합니다. 이 방법들 중 자기에게 적합한 것을 실천해 보면 좋을 거예요. 그렇게 해서 야동을 완전히 끊지는 못하더라도 적어도 야동에 대한 문제의식을 가지고 노력한 것 자체로 큰 의미가 있습니다.

(1) **주변에 도움을 요청하기** : 부모님에게 공개해 본다. 친구에게 도움을 청해 본다. 야동중독심리 상담을 받아 본다.

(2) **환경을 바꾸기** : 컴퓨터를 없애 본다. 혼자 있는 시간을 줄인다. 야동차단 프로그램을 바탕화면에 설치한다. 일찍 자는 습관을 들인다. 거실에 컴퓨터를 놓는다. 컴퓨터를 할 때는 방문을 열어 놓는다. 파일을 다 지워 버린다.

(3) **다른 것에 관심 쏟기** : 좋아하는 운동을 만들어 본다. 공부를 열심히 한다. 새로운 취미를 만든다. 음악 감상을 하거나 영화를 본다.

질문15 여자가 처음 성경험을 할 때는 피가 나오나요?

이런 질문은 소위 처녀막이라는 것을 염두에 둔 것이죠. 굉장히 오랫동안 여성은 결혼하기 전 남성과의 성관계를 경험하지 않도록 강요받았습니다. 손상되지 않은 '처녀'라는 상품으로서 남편에게 건네어져야 했기 때문입니다. 만약 손상된 상품인 경우 집안의 명예에 먹칠을 한 것으로 취급받았죠.

지금은 이런 문화가 이전보다는 상당히 약화되긴 했습니다. 그럼에도 여전히 많은 사춘기 남자아이들이 내 여자 친구나 아내가 처녀이기를, 적어도 처녀인지 아닌지 확인할 수 있기를 원하는 바람을 가지고 있습니다.

하지만 처녀막이라는 것은 엄연히 잘못된 용어입니다. 일단 '막'이라는 표현부터가 너무나 오해를 불러일으키는 말이에요.

마치 질의 안쪽을 얇은 막이 막고 있는 것 같은 상상을 하게 만들거든요. 실제로 그렇다면 생리혈이 어떻게 질 밖으로 흘러나올 수 있겠습니까. 생리혈이 밖으로 나오지 못해 몸에 이상이 생기고 말걸요. 그런 막 같은 것은 존재하지 않습니다.

사람의 몸에는 근육이 있잖아요. 질에 있는 근육을 질 근육이라고 합니다. 질 근육은 평소에는 닫혀 있다가 세 가지 경우에 열립니다. 첫째, 생리를 할 때. 둘째, 아기를 낳을 때. 그리고 셋째, 성관계를 가질 때입니다. 성관계를 시작하자마자 바로 질이 열리는 것이 아니라 애무를 하다 보면 액이 나오고 부드러워지면서 질이 열리게 됩니다.

그렇다면 우리가 처녀막이 터져서, 또는 처녀막이 찢어져서 나온다고 생각하는 피의 정체는 무엇일까요? 성관계를 하다 질에 상처가 나서 피가 나는 것입니다. 한마디로 잘못된 삽입 때문이죠. 여성이 처음 성관계를 가질 때는 여성 자신도 서툴고, 상대도 마찬가지로 서툴 가능성이 많다 보니 그렇게 되는 것입니다. 첫 성관계를 가질 때 피가 전혀 나오지 않거나, 며칠 지나서 피가 나오거나, 다음 성관계를 가질 때 피가 나오는 등 사례는 다양합니다. 피의 유무를 가지고 성관계의 유무를 판단하는 것은 불가능합니다.

그러니 피가 나왔다면 반성하고 고민해 봐야 하는 문제입니다.

여성의 몸에 상처를 냈다는 것이니까요. 질에 상처가 나지 않도록 안전하게 삽입할 수 있도록 해야 합니다.

저는 처녀막이라는 단어를 다른 표현으로 바꾸기를 제안합니다. 제가 적당하다고 생각하는 표현은 질주름입니다. 질에 있는 주름이라는 뜻이죠. 무릇 단어는 고정된 것이 아니라 시대의 변화에 따라 변해 나가는 법입니다. 이렇게 단어를 바꿈으로써 여성과 남성에게 다르게 가해지는 성의 잣대도 수정되기를 바랍니다.

질문16 사귀는 친구와 키스를 하고 싶어요

사춘기 아이들이 성적 환상을 가지는 것 중에서도 가장 대표적인 것이 바로 '키스'입니다. 많은 아이들이 연애를 시작하면 꼭 성관계까지 가지는 않더라도 기왕이면 키스는 꼭 경험해 보고 싶어 합니다.

저는 키스하는 법도 미리 배울 필요가 있다고 생각합니다. 키스도 감정을 전달하는 하나의 언어라고 할 수 있으니까요. 그렇다고 키스를 할 때는 입술을 이렇게 하라거나, 혀를 저렇게 하라거나 하는 식의 기술을 배워야 한다는 뜻이 아닙니다. 그보다는 키스 예절로는 어떤 것이 있는지 배워야 합니다.

가장 중요한 키스 예절은 당연히 이것입니다. 바로 상대의 동의가 있어야 한다는 것이죠. 우리나라에는 강제 키스에 대한 환상이 있는 것 같습니다. 남자가 여자에게 거칠게 강제로 키스를 퍼붓는 것이 애정의 표시라는 것이죠. 강한 남성성을 표출하는 수단으로도 여겨집니다. 실제로 영화나 드라마, 뮤직비디오 등에서 여전히 이런 장면이 종종 나옵니다.

하지만 강제 키스는 여성에게 당황스럽고 불편한 행위일 뿐입니다. 명백한 성추행이죠. "내가 너를 좋아해서 그런 건데."라고 말한다고 해서 강제 키스를 정당화할 수는 없습니다. 그런 말은 피해자에 대한 2차 가해나 마찬가지입니다.

이렇게 설명하면 아이들은 "아니, 그러면 키스하고 싶을 때마다 일일이 물어 보고서 키스를 해야 하는 거예요?" "물어보다가 분위기 다 깨지지 않나요? 그러면 너무 소심하다고 여자들도 싫어하지 않나요?" 하고 질문하곤 합니다. 저는 남자든 여자든 키스에 대해 동의를 구하는 말이나 과정 자체를 로맨틱하게 받아들였으면 좋겠습니다. 말로 구구절절 합의하는 것은 좀 그렇다 싶으면 다 방법이 있어요. 외국에는 이른바 '9대 1법칙'이라는 것이 있더군요.

9대 1 법칙이라는 것은 상대에게 키스를 하고 싶을 때 90프로만큼만 다가갔다가 멈추는 겁니다. 나머지 10퍼센트만큼의 거리는? 그것은 상대의 판단에 맡겨 두는 것이죠. 상대가 그 거리를 다가오기를 선택하면 키스에 동의한 것이고, 다가오지 않으면 키스에 동의하지 않은 것입니다. 키스만이 아니라 다른 스킨십에도 적용할 수 있는 방법입니다. 이게 꼭 상대와의 거리에서 정확히 기계적으로 9대 1을 나눠서 다가가라는 것보다도, 자신의 의사를 표시하고 나머지는 전적으로 상대방의 판단에 따르며 상대방이 동의하지 않을 때는 거듭 요구하지 않는다는 점이 포인트입니다.

키스에 동의했다고 해서 또 다른 스킨십까지 동의했다고 해석하는 것은 절대 금물입니다. 동의 없이 진행하면 결국 성추행, 더 나아가 성폭행까지 됩니다. 키스에 동의한 것은 키스만 동의한 것입니다. 그 이상의 스킨십을 원한다면 그에 대해 또 동의를 구해야죠. "어떻게 또 일일이 물어보면서 해? 분위기 깨지게."라는 의문이 든다면 9대 1의 법칙을 떠올리시면 됩니다.

상대의 동의를 얻은 다음에는 상대의 느낌에 대해 고려하며 키스를 해야 합니다. 키스는 서로 좋아서 함께 기쁨을 나누기 위해 하는 스킨십이잖아요. 하지만 그냥 자기 멋대로, 자신의 느낌만 우선시하는 키스는 상대에게 기쁨을 주기보다는 모욕감, 불쾌감을 주기 마련입니다. 다시 말씀드리지만, 상대의 반응을 살펴 가며 조심스럽게 하다 보면 서로 맞추어 나갈 수 있을 겁니다.

질문17 여자들의 생리는 대체 어떤 거예요?

여성의 몸이 남성과 가장 다른 부분은 임신, 출산, 수유 등과 관련된 것들이겠지요. 사춘기 시기 여자아이들이 초경을 시작하면서 본격적으로 이 부분 역시 부각되기 시작합니다. 그런 여자아이들을 보며 남자아이들도 호기심을 가지게 되지요.

그런데 남자아이들의 질문을 받다 보면, 여자들의 생리에 대해 여전히 잘 모르고 있다는 사실을 확인할 수 있습니다. 생물 시간이나 성교육 시간에 대략적으로 배우니까 '생리란 ~하는 거다'라는 식으로 단편적으로 대답할 수는 있지만, 생리로 인해 여성이 평소 어떤 경험을 하게 되는지는 잘 알지 못하고 있습니다. 이렇게 질문을 하는 아이는 그나마 나은 경우이고, 무관심으로 일관하는 경우나 "고작 그게 뭐라고 여자들은 유난을 떨지?" 하는 말을 내뱉는 경우도 많습니다.

그래서 저는 남자아이들을 대상으로 생리대를 착용해 보는 경험을 하도록 해 보았습니다. 여성이 속옷 안쪽에 생리대를 붙이듯이 똑같이 하게 하는 것이었지요.

처음에 남자아이들은 "황당해요." "쪽팔려요." 하고 말하며 이런 것을 왜 굳이 해야 하나 의아해하더군요. 일단은 아이들에게 생리대를 직접 살펴보고 만져 보게 했습니다. 아이들은 "텔레비전으로 본 적은 있지만 실제로는 처음이에요." "보기보다 부드럽네요." 하는 반응들을 보였습니다.

그다음으로는 본격적으로 생리대를 착용해 보게 했습니다. 남자아이들은 생리대를 착용하러 화장실에 가는 모습부터가 여자아이들과 달랐습니다. 여자아이들은 대개 생리대가 남들 눈에 띄지 않도록 조심스럽게 들고 가는데 남자아이들은 별 생각 없이 생리대를 한 손으로 들고 갔습니다. 사실 여자들이 굳이 생리대를 숨기고 다녀야 할 필요가 없는데 말입니다. 이런 점은 여자아이들과 이야기를 나누어 보고 싶은 부분입니다.

그렇게 남자아이들이 생리대를 착용하고 2~3시간을 보내게 했습니다. 그런 다음에 서로의 느낌을 이야기해 보게 했지요. 아이들은 기분이 이상하기도 하고 신기하기도 하다고 했습니다. 앉을 때 기분이 묘하고, 어색하고 답답하다고도 이야기했습니다.

또한 자세에 따라 가만히 의자에 있을 때는 아무런 느낌이 없지만 걸어 다닐 때는 성기 주변이 간지럽고 어색하다고 말했습니다. 다시는 하고 싶지 않다고 말하는 아이도 있었습니다. 그중 어떤 아이는 그 상태로 집에 가서 잠자리에 들기까지 했다는데요, 계속 생리대에 신경이 쓰여서 잠을 제대로 자지 못해서 힘들었다고 합니다.

이렇게 다양한 경험을 통해 개인적으로 느끼는 마음이 다양하지만, 거의 대부분의 아이들이 불편함을 느낀다는 것은 공통적이었습니다. 제가 "그런데 여성들이 생리대를 착용하는 것은 고작 하루에 2~3시간이 아니라 3~8일이나 된단다."라고 말해 주니, 그제야 아이들은 여성이 생리로 인해 불편해하고 감정의 기복까지 겪는 것이 조금은 이해된다는 반응을 보이더군요.

이것은 제가 이용한 방법입니다만, 모든 성교육에서 이런 수업을 할 수는 없겠지요. 또 그럴 필요도 없고요. 요점은, 남자아이들이 여성의 몸을 단순히 지식으로서 아는 것이 아니라 진정으로 이해하는 것이 여성으로서 겪는 고충을 배려하게 되는 첫걸음이라는 점입니다.

질문 18 낙태는 나쁜 건가요?

현실에서는 낙태가 많이 이루어지고 있지만, 원칙적으로 우리나라에서 낙태는 불법입니다. 낙태를 한 여성도 처벌받고 낙태 시술을 한 의사도 처벌받게 되어 있습니다.

낙태가 허용되는 예외도 있습니다. 법에 따르면 의학적, 우생학적, 윤리적 사유가 있는 경우에는 낙태를 할 수 있습니다. 여기에는 태아의 선천성 장애, 성폭행에 대한 임신 등이 포함됩니다. 그런데 이때 결정은 의사가 하도록 되어 있고, 여성 본인뿐 아니라 배우자의 동의도 받도록 되어 있습니다. 결혼하지 않은 여성은 배우자 대신 파트너의 동의가 있어야 합니다.

따지고 보면 좀 이상하지요. 낙태는 여성 자신의 몸과 관련된 것이고 여성의 몸에 큰 영향을 미치는 행위인데 불법인 경우든,

합법인 경우든 여성 스스로 결정해서 낙태를 하지는 못하게 되어 있는 것입니다. 그러면서도 낙태로 인한 비난은 오롯이 여성이 지고 있습니다. 낙태를 한 여성은 처벌받지만 그 낙태의 원인이 된 성관계를 같이한 남성은 법적으로도 처벌받지 않고 사회적 비난으로부터도 비껴 나 있지요.

사실 낙태는 윤리적으로 무척 예민한 문제입니다. 여성의 몸에 대한 권리가 우선이냐, 태아의 생명에 대한 권리가 우선이냐, 이 두 관점이 첨예하게 대립하고 있기 때문입니다. 양쪽 다 나름의 논리가 있습니다.

하지만 대부분의 선진국들은 여성의 몸에 대한 권리를 우선하여 낙태를 허용하는 방향으로 법을 개정했습니다. 나라마다 기준이 조금씩 다른데, 임신 3개월 내지 6개월 이전에는 여성이 낙태를 결정할 수 있도록 되어 있습니다. 우리나라에도 이러한 방향의 변화를 요구하는 목소리가 높아지고 있습니다. 세계적 추세로 보았을 때 우리나라도 결국은 법이 개정될 것으로 예상됩니다.

그런데 낙태를 허용하는 선진국들은 낙태율이 그리 높지 않습니다. 오히려 낙태가 원칙적으로 불법인 우리나라의 낙태율은 OECD 최상위권입니다. 낙태율을 낮추는 것은 철저한 피임 문화, 그리고 여성이 혼자 아이를 낳아 기를 수 있는 환경입니다.

이런 조건이 갖추어지지 않은 상태에서 낙태를 불법화하는 것은 여성이 열악한 낙태 시술 환경에 놓일 위험만 높이는 것입니다. 이것 역시 우리나라에서 낙태와 관련해 여성이 겪는 불합리함입니다.

낙태에 대해 묻는 남자아이들 중에는 간혹 낙태를 일종의 피임법인 양 여기는 아이들도 있더군요. "아이가 생겨도 간단히 지우면 그만이지 않나요."라고 하지요. 그런 아이들에게 저는 낙태는 여성의 몸에 위험할 수도 있고 여러 번 하는 것은 더욱 좋지 않다, 더구나 심리적으로는 더 큰 상처를 남길 수 있다고 강조합니다. 낙태를 기꺼이 하는 여성은 없습니다. 그런 만큼 남자들도 책임 의식을 가져야 합니다.

질문 19 제가 성폭력을 당한 건가요?

학교에서 성교육이나 관련 상담을 하다 보면 과거에 경험했던 일을 이야기하며 "제가 이런 일이 있었는데, 이런 것도 성폭력인가요?" 하고 묻는 아이들이 있습니다. 그중 상당수는 여자아이들이지만 남자아이들도 제법 있습니다. 오히려 남자아이들이 남이 들을 세라 좀 더 조심스럽게 물어봅니다.

어떤 경험인지 들어보면, 같은 동네에 살던 형이라든가 알고 지내던 이웃집 아저씨가 아이의 성기를 만졌다 또는 자신의 성기를 아이에게 댔다 하는 것들이 많습니다. 가해자가 학교 선생님이나 학원 선생님인 경우도 있고, 또래 친구인 경우, 성인 여성인 경우도 있습니다. 당시에 성폭력이라고 미처 생각하지 못하고 넘어갔다가 성교육을 받으면서 뒤늦게 인지하게 되는 것입니다.

이런 아이들에게 일단은 "용기 내어 말해 줘서 고맙다."라고 말해 줍니다. 그리고 이야기를 더 해 봐서 가급적이면 성폭력 피해자를 위한 심리치료를 받아 보도록 권합니다. 성폭력이라고 인지하지는 못했다 하더라도 그 일로 인해 대인 기피나 우울증 등 크고 작은 심리적 상처를 겪고 있을 수 있거든요. 일종의 외상후스트레스장애라고 할 수 있지요. 또는 성폭력이라는 사실을 깨닫고 난 후에 자책감, 자괴감 등에 시달릴 수도 있습니다.

경우에 따라서는 가해자에 대한 고발이나 수사까지 필요할 수도 있습니다. 물론 이것은 굉장히 조심스럽게 접근해야 하는 문제입니다. 시간이 오래 지나서 증거물이나 증인이 남아 있지 않을 가능성이 크다 보니, 수사 과정에서 아이에게 더 큰 스트레스를 안겨 줄 우려가 있기 때문입니다. 아이와 부모, 그리고 아동성폭력 관련 기관의 전문가와 충분히 상의한 다음에 결정해야 합니다.

남자아이라고 해서 성폭력으로부터 자유로울 수 없습니다. 또한 남자아이라고 해서 상처가 덜할 리 없습니다. 남자아이들의 성폭력 경험에도 우리 사회가 귀를 기울일 필요가 있습니다.

질문 20 제가 만질 때는 가만히 있더니 이제 와서 성추행이래요

학교에서 아이들 사이에 성추행 사건이 일어나는 일이 왕왕 있습니다. 그러면 가해 학생은 그 정도에 따라 조금씩 다르겠지만 대개 학교폭력대책자치위원회(학폭위)의 결정에 따라 교육프로그램을 이수하게 됩니다.

그런데 이 아이들을 만나 보면 억울한 마음을 가지고 있는 경우가 꽤 많습니다. 이렇게 투덜거리곤 하죠. "제가 만질 때 걔가 가만히 있었거든요. 그때 거부했으면 제가 안 그랬을 텐데 거부하지 않았단 말이에요. 그러더니 나중에 저를 신고했어요. 이해가 안 돼요. 정말 제가 잘못한 건가요? 적어도 걔도 잘못한 거 아닌가요?"

사실 이런 반응은 꼭 이 아이들에게서만 볼 수 있는 것은 아닙니다. 성폭력 사건을 대하는 꽤 일반적인 시선이라 할 수 있지요. 미투 운동이 시작되었을 때도 예외가 아니었습니다. 많은 사람이 "왜 그때는 가만히 있다가 한참 시간이 지난 이제 와서?" 하는 의문을 표했습니다. 더 나아가 "그때 거부하지 않았으니 피해자도 어느 정도 책임이 있는 거다." 하는 주장까지 나왔습니다.

이런 생각은 성폭력 피해자를 스테레오 타입화하는 것입니다. 성폭력은 당하는 순간 강하게 거부해야 하고 바로 신고해야 한다, 이렇게 하지 않았다면 피해자로서의 자격이 없다는 식의 논리입니다. 이것은 피해자에 대한 편견일 뿐입니다.

바로 거부 의사를 명확하게 밝히는 피해자도 물론 있지요. 하지만 그러지 못하는 피해자도 많습니다. 순간적으로 몸이 굳어서 그런 것일 수도 있고, 가해자와의 관계를 감안해 머릿속에 복잡해져서 그런 것일 수도 있고, 또 다른 이유 때문일 수도 있습니다. 사실 이유가 무엇이건 중요하지 않습니다. 피해자는 피해를 입었다는 사실 그 자체로 피해자로 인정받는 것이 당연합니다.

그래서 저는 아이들에게 이 점을 강조합니다. 스킨십은 상대방도 동의할 때 할 수 있는 것이지, 상대방이 거부하지 않을 때 할 수 있는 것이 아니라고 말입니다. 상대방이 거부하지 않는 것이 아니라 거부하지 '못하는' 것일 수도 있으니까요. 상대방의 동의를 구하는 것은 성적자기결정권을 대하는 기본 중의 기본입니다.

질문 21 친구들이 저보고 여자애 같다고 놀려요

남자아이들 중 성격이 소심하거나 내성적이거나 조용한 아이, 신체적으로 작거나 마른 아이들 중에 주위로부터 "무슨 남자애가 그렇게 여자애 같냐." 하는 소리를 듣는 경우가 있습니다. 요리하기, 인형 모으기, 십자수하기 같은 소위 여성적 취미를 가진 남자아이들도 이런 소리를 듣기 십상이고요.

일단 분명히 말해 두자면, 그렇게 놀리는 것은 일종의 혐오 발언입니다. 그 말에는 여성은 남성보다 열등한 존재라는 함의가 담겨 있기 때문입니다. '남자라면 응당 이런 모습이어야 한다'라는 식으로 특정한 남성상을 이상으로 설정해 놓은 다음, 여기에 맞지 않으면 '너는 열등한 남성이니 여성이나 다름없다.'라는 메시지를 전하는 것입니다.

남자는 이러해야 한다, 여자는 이러해야 한다는 기준에 자신을 맞추지 않아도 괜찮습니다. 그런 것은 젠더에 대한 편견이고 고정관념일 뿐입니다. 여자들 중에도 성격이 외향적이고 신체적으로 큰 사람이 많습니다. 소위 남성적 취미를 가진 여자들도 많고요. 애초에 이토록 다양한 사람들은 남자, 여자라는 틀로 제한하려는 것 자체가 잘못입니다.

물론 그래도 남자는 이런 성향이 다수이고, 여자는 저런 성향이 다수이지 않느냐는 반론이 제기될 수도 있습니다. 그런 현실 자체를 부정하려는 것은 아니에요. 하지만 그런 점이 그 성향에 안 맞는 사람은 진정한 남성/여성이 아니라는 사실로 이어지는 것은 결코 아닙니다. 더구나 그런 성향의 상당 부분이 개인이 타고나기보다는 사회적인 영향에 따라 키워지는 것이라는 점도 염두에 두어야 합니다.

사람이 주위의 평가에 신경을 안 쓰기는 힘든 일입니다. 사춘기 때는 더욱 그럴 겁니다. 하지만 그래도 기존의 젠더 고정 관념에 억지로 맞추려고 하기보다는 자신을 긍정하고 자신의 개성을 살리기 위해 노력해야겠지요.

질문 22 혐오 발언, 친구들끼리 하는 것도 문제가 되나요?

제가 남자아이들에게 성교육을 할 때 특히 강조하는 것이 여성이나 장애인, 성소수자에 대한 혐오 발언, 그중에서도 성희롱 성격이 강한 말은 절대로 안 된다는 점입니다. 그런 말들은 대상이 된 상대방에게 큰 상처이자 고통입니다.

그런데 "친구들끼리만 있을 때는 그런 말을 해도 괜찮지 않나요?" 하고 되묻는 아이들이 있습니다. 더 나아가 "남자들끼리 그런 말도 못 하나요?" 하는 아이들도 있고요.

결론부터 말하자면, 문제가 될 수 있습니다. 최근 몇몇 대학에서 남자 대학생들이 단톡방에서 여학생들에 대해 성적으로 비하하는 말들을 나눈 '단톡방 성희롱' 사건이 여러 차례 일어났습니다. 이 학생들은 학교로부터 무기정학, 근신 등의 처벌을 받았습니다.

우리나라 법은 단톡방에서건, 일대일 대화에서건 온라인에서 나눈 말도 공적인 영역에서 나눈 말로 간주합니다. 밖으로 전파될 가능성이 있기 때문입니다. 단톡방 성희롱 사건으로 처벌받은 학생들도 그 말을 할 때는 다른 사람들에게 알려질 줄은 몰랐겠지요. 하지만 외부 사람이 눈치채거나 단톡방 내부 사람이 고발하여 알려지게 되었고 결국 처벌까지 이르게 되었습니다.

물론 이렇게 알려지지 않고 넘어가는 경우가 훨씬 더 많을 겁니다. 더구나 온라인에서 나눈 말은 글자로 증거가 남지만 그냥 말로 나누는 대화는 증거가 남기 어려울 수 있고요.

하지만 혐오 발언의 대상이 된 당사자의 귀에 들어가지 않는다고 해서 혐오 발언을 해도 괜찮다고 할 수는 없습니다. 혐오 발언을 하는 것은 그 자체로 자신의 삶의 태도와 직결됩니다. 혐오 발언을 하는 사람이 진정으로 다른 사람을 존중할 수 있을까요? 자기 자신을 위해서도 혐오 발언은 하지 말아야 합니다.

성교육 추천 도서 소개

〈엄마와 함께 보는 성교육 그림책〉 시리즈

1. 내 동생이 태어났어　2. 나는 여자, 내 동생은 남자　3. 소중한 나의 몸

정지영, 정혜영 글·그림 | 비룡소

아이는 어떤 과정을 통해 생겨나는지, 여자와 남자는 어떤 신체적 차이가 있는지, 소중한 몸을 지키는 방법으로는 무엇이 있는지 알려 주는 그림책입니다. 제목에 '엄마와 함께 보는'이라는 표현이 있는데, 물론 아빠와 함께 보아도 좋습니다.

〈슬픈 란돌린〉

카트린 마이어 글 | 아네트 블라이 그림 | 허수경 옮김 | 문학동네어린이

아이가 성폭력을 당했을 때 용기 내어 도움을 청하도록 가르쳐 주는 그림책입니다. 주인공 브리트의 새아빠는 브리트의 몸을 함부로 만질 뿐 아니라 아무에게도 말하지 말라고 겁을 줍니다. 브리트는 자신의 인형 란돌린에게만 이 고민을 털어놓습니다. 란돌린은 너무 화가 나 "넌 인형이 아냐! 넌 아저씨의 장난감이 아냐!" 하고 말하게 됩니다. 결국 브리트는 이웃집 아주머니를 찾아가 비밀을 털어놓고 도움을 받게 됩니다. 아이에게 자신이 브리트라면, 또는 란돌린이라면 어떻게 행동할지 생각해 보라고 하세요.

〈좋아서 껴안았는데, 왜?〉

이현혜 글 | 이효실 그림 | 천개의바람

성교육을 자기결정권 차원에서 다룬 그림책입니다. 준수는 같은 반 여자 친구 지아를 껴안았다가 지아가 화를 내자 당황해합니다. 이를 계기로, 준수는 모든 것에는 각자의 영역을 구분해 주는 경계가 존재하며, 그 경계를 함부로 넘어서는 안 된다는 것을 알게 됩니다. 독자들은 경계라는 개념을 통해 자신의 몸도, 다른 사람의 몸도 당사자의 결정을 존중해야 한다는 점을 이해할 수 있습니다. 아이와 함께 경계가 적용되는 여러 경우를 이야기해 보세요.

〈이럴 땐 싫다고 말해요!〉

마리 프랑스 보트 글 | 파스칼 르메트르 그림 | 홍은주 옮김 | 문학동네어린이

성폭력이 일어날 수 있는 위험한 상황일 때 어떤 행동을 취해야 할지를 알려 주는 그림책입니다. 주인공 미미와 고슴도치 가스통은 낯선 아저씨가 부르는 상황, 친구가 위험에 빠진 상황 등 다양한 상황에서 당당하게 "싫어요!"라고 외칩니다. 책에 등장하는 상황을 실제로 가정해 보며 아이에게 "싫어요."라고 말하는 것을 훈련하도록 하세요.

〈성교육을 부탁해〉

이영란 글 | 강효숙 그림 | 풀과바람

사춘기 몸의 변화부터 젠더 문제까지 폭넓게 다룬 어린이책입니다. 2차 성징을 맞은 아이가 일상생활에서 겪을 수 있는 일을 동화 형식으로 들려주고, 그와 관련된 지식을 구체적으로 설명해 줍니다. 다양한 성 지식이 어린이의 눈높이에 맞추어 나와 있고, 성 역할에 대해서도 스스로 생각해 보도록 합니다. 아이가 혼자 읽어도 좋지만, 부모님도 같이 읽고 이야기를 나누시면 더욱 좋겠지요.

〈성교육 상식사전〉

'인간과 성' 교육연구소 글 | 다카야나기 미치코 엮음 | 남동윤 그림 | 김정화 옮김 | 길벗스쿨

다양한 성 지식을 그림 백과사전 형식으로 담은 어린이책입니다. 몸의 구조 및 2차 성징과 관련된 지식들이 간결하면서도 사실적인 일러스트와 함께 소개되어 있습니다. 사춘기의 심리적 변화와 성병, 음란물 등도 다루고 있습니다. 처음부터 끝까지 죽 읽어도 좋고, 성에 대해 궁금한 것이 있을 때마다 찾아보며 읽어도 좋습니다.

성교육 추천 동영상 소개

〈Let's talk 건강한 우리들의 성〉

여성가족부에서 만든 사이트입니다. 성교육 동영상이 플래시 형태로 제공되며, '초등학교 4학년 이하', '초등학교 5~6학년', '중학생 이상'으로 나뉘어 있습니다.

http://old.tacteen.net/Event/Guide/guide.htm

〈엄마와 아들의 성고민 상담소〉

저와 아들이 '프란'과 함께 제작한 동영상입니다. 프란은 한국일보가 운영하는 영상미디어입니다. 이 동영상의 내용 중 상당 부분은 이 책에도 담겨 있습니다만, 엄마와 아들 사이에 성에 대한 이야기를 자연스럽게 나누는 모습 자체를 참고해 보시면 도움이 될 겁니다.

- 부모 고민편 "아들에게 자위를 어떻게 알려줘야 할까요?"

  https://www.youtube.com/watch?v=wM-fp7XCT8w

- 번외편 존중파티 "초경파티만 있는 줄 알았지?"

  https://www.youtube.com/watch?v=L96VlFb3RUw

- 자식 고민편 "엄마가 야동을 봐요!"

  https://www.youtube.com/watch?v=79hetoP0IWY

〈세계 최초 엄마와 아들의 섹스토크 - 엄마와 나〉

이것 역시 저와 아들이 등장하는 동영상으로, 미디어 스타트업인 닷페이스에서 제작했습니다. 제목이 '섹스토크'인 만큼 다소 적나라한 소재까지 다룹니다. 아이가 컸다면 반드시 이런 이야기쯤은 나눌 수 있어야 한다는 뜻은 아닙니다. 다만, 여전히 아이와 성에 대한 대화를 나누기 어색하다고 여기는 부모님들도 조금 더 용기를 내시고 생각을 바꾸시기를 바라는 마음에 소개해 드립니다.

- 엄마랑 아들의 본격 섹스토크쇼

https://www.youtube.com/watch?v=x7FszyiFGcA&t=0s&index=7&list=PLo4PbCH1mmVdzlLKSaxjNwXjdbhU-CVh8

- 엄마와 아들의 섹스토이 개봉기 1편

https://www.youtube.com/watch?v=0as3Ki7Mn44&t=0s&index=6&list=PLo4PbCH1mmVdzlLKSaxjNwXjdbhU-CVh8

- 엄마와 아들의 섹스토이 개봉기 2편

https://www.youtube.com/watch?v=2Cpog13_jyk&t=0s&index=5&list=PLo4PbCH1mmVdzlLKSaxjNwXjdbhU-CVh8

- 엄마와 아들의 자위토크 1편

https://www.youtube.com/watch?v=dlDJBTMplIA&t=0s&index=4&list=PLo4PbCH1mmVdzlLKSaxjNwXjdbhU-CVh8

- 엄마와 아들의 자위토크 2편

https://www.youtube.com/watch?v=8XehfTEv6tE&t=0s&index=3&list=PLo4PbCH1mmVdzlLKSaxjNwXjdbhU-CVh8

- 엄마와 아들 | 섹스토이로 만든 케익 선물받다

https://www.youtube.com/watch?v=og4YICJtRoA&t=0s&index=2&list=PLo4PbCH1mmVdzlLKSaxjNwXjdbhU-CVh8

- 엄마와 나 마지막 이야기 | "아들, 솔직히 엄마가"

https://www.youtube.com/watch?v=tXCUARt_dn8&t=0s&index=1&list=PLo4PbCH1mmVdzlLKSaxjNwXjdbhU-CVh8

성폭력 신고 전화

〈성폭력 상담〉

여성긴급전화 1366 www.seoul1366.or.kr

한국성폭력상담소 02-338-2890 www.sisters.or.kr

한국여성민우회성폭력상담소 02-335-1858 www.womenlink.or.kr

〈해바라기센터 – 위기지원형〉

서울동부 02-3400-1700 www.smonestop.or.kr

서울남부 02-870-1700 www.smsonestop.or.kr

부산동부 051-501-9117 www.bsonestop.or.kr

대구 053-556-8117 www.tgonestop.or.kr

인천동부 032-582-1170 www.iconestop.or.kr

인천북부 032-280-5678 www.icnonestop.or.kr

광주 062-225-3117 www.gjonestop.or.kr

경기북동부 031-874-3117 www.ggnonestop.or.kr

경기서부 031-364-8117 www.ggwsunflower.or.kr

충북 043-272-7117 www.cbonestop.or.kr

충남 041-567-7117 www.cnonestop.or.kr

전북 063-278-0117 www.jb-onestop.or.kr

전남동부 061-727-0117 www.jnonestop.or.kr

경북북부 054-843-1117 www.gbonestop.or.kr

경북서부 054-439-9600 www.sbonestop.or.kr

경남 055-245-8117 www.gnonestop.or.kr

〈해바라기센터 – 아동형〉

서울 02-3274-1375 www.child1375.or.kr

대구 053-421-1375 www.csart.or.kr

인천 032-423-1375 www.sunflowericn.or.kr

광주 062-232-1375 www.forchild.or.kr

경기 031-708-1375 www.sunflower1375.or.kr

충북 043-857-1375 www.helpsunflower.or.kr

전북 063-246-1375 www.jbsunflower.or.kr

경남 055-754-1375 www.savechild.or.kr

〈해바라기센터 – 통합형〉

서울 본관 02-3672-0365 www.help0365.or.kr

서울중부 02-2266-8276(준비 중)

서울북부 02-3390-4145 www.snsunflower.or.kr

부산 051-244-1375 www.pnuh.or.kr/sunflower

대전 042-280-8436 www.djsunflower.or.kr

울산 052-265-1375 www.ussunflower.or.kr

경기남부(거점) 031-217-9117 www.ggsunflower.or.kr

경기북서부 031-816-1375 www.gnwsunflower.or.kr

강원서부 033-252-1375 www.gwsunflower.or.kr

강원동부 033-652-9840 www.savechild.or.kr

전남서부 061-285-1375 www.jnsunflower.or.kr

경북동부 061-285-1375 www.gbsunflower.or.kr

제주 064-749-5117 www.jjonestop.or.kr

*** 위기지원형은 수사와 의료를 비롯한 피해자 긴급지원을 중심으로, 아동형은 19세 미만 아동의 심리치료를 중심으로 운영됩니다. 통합형은 이 둘이 합쳐져 있습니다.

당황하지 않고 웃으면서

아들 성교육 하는 법

초판 1쇄 인쇄 2018년 3월 21일
초판 20쇄 발행 2024년 7월 25일

지은이 손경이
펴낸이 김선식

부사장 김은영
콘텐츠사업2본부장 박현미
콘텐츠사업7팀장 김단비 콘텐츠사업7팀 권예경, 이한결, 남슬기
마케팅본부장 권장규 마케팅1팀 최혜령, 문서희, 오서영 채널1팀 박태준
미디어홍보본부장 정명찬 브랜드관리팀 안지혜, 오수미, 김은지, 이소영
뉴미디어팀 김민정, 이지은, 홍수경, 서가을
지식교양팀 이수인, 염아라, 석찬미, 김혜원, 백지은
크리에이티브팀 임유나, 변승주, 김화정, 장세진, 박장미, 박주현
편집관리팀 조세현, 김호주, 백설희 저작권팀 한승빈, 이슬, 윤제희
재무관리팀 하미선, 윤이경, 김재경, 임혜정, 이슬기
인사총무팀 강미숙, 지석배, 김혜진, 황종원
제작관리팀 이소현, 김소영, 김진경, 최완규, 이지우, 박예찬
물류관리팀 김형기, 김선민, 주정훈, 김선진, 한유현, 전태연, 양문현, 이민운
외부스태프 구성 교열교정 김서윤 표지 디자인 이인희 본문 디자인 박재원

펴낸곳 다산북스 출판등록 2005년 12월 23일 제313-2005-00277호
주소 경기도 파주시 회동길 490 다산북스 파주사옥
전화 02-704-1724 팩스 02-703-2219 이메일 dasanbooks@dasanbooks.com
홈페이지 www.dasanbooks.com 블로그 blog.naver.com/dasan_books
종이 신승INC 인쇄 한영문화사 제본 한영문화사 후가공 제이오엘앤피

ISBN 979-11-306-1632-2 13590